José Israel de Almondes

Energia fotovoltaica para fins de iluminação em trechos ferroviários

AF141415

José Israel de Almondes

Energia fotovoltaica para fins de iluminação em trechos ferroviários

Estudo e aplicação

Novas Edições Acadêmicas

Impressum / Impressão

Bibliografische Information der Deutschen Nationalbibliothek: Die Deutsche Nationalbibliothek verzeichnet diese Publikation in der Deutschen Nationalbibliografie; detaillierte bibliografische Daten sind im Internet über http://dnb.d-nb.de abrufbar.

Informação biográfica publicada por Deutsche Nationalbibliothek: Nationalbibliothek numera essa publicação em Deutsche Nationalbibliografie; dados biográficos detalhados estão disponíveis na Internet: http://dnb.d-nb.de.

Coverbild / Imagem da capa: www.ingimage.com

Verlag / Editora:
Novas Edições Acadêmicas
ist ein Imprint der / é uma marca de
OmniScriptum GmbH & Co. KG
Heinrich-Böcking-Str. 6-8, 66121 Saarbrücken, Deutschland / Niemcy
Email / Correio eletrônico: info@nea-edicoes.com

Herstellung: siehe letzte Seite /
Publicado: veja a última página
ISBN: 978-613-0-16032-6

JOSÉ ISRAEL DE ALMONDES

ENERGIA FOTOVOLTAICA PARA FINS DE ILUMINAÇÃO EM TRECHOS FERROVIÁRIOS

Estudo e Aplicação

A Deus, criador do céu, da terra e de

tudo que neles há.

AGRADECIMENTOS

Embora um livro seja, na sua essência, um trabalho individual, não posso deixar de agradecer sinceramente às pessoas cujos contributos individuais permitiram, de uma forma ou de outra, ultrapassar mais esta etapa do meu percurso acadêmico.

Agradeço a Deus por tudo que Ele tem feito na minha vida e ainda fará, pois é mais importante do que o ar que respiro.

À minha mãe, Graça, pela dignidade, determinação e força de vontade para seguir adiante, por ter me mostrado a grande importância que o conhecimento tem na vida de um ser humano. Ao meu pai, Evaristo, pela força mostrada no trabalho, provisão e sustento da nossa casa.

À minha irmã, Isabel, e ao seu esposo, Eduardo, pela consideração, amizade e fé que tudo daria certo.

À minha namorada e futura esposa, Camila Simas, pelo companheirismo, amor e parceria. Dias ainda maiores e melhores estão por vir.

Ao meu orientador, Luiz Edmundo Bastos Soledade, pela liberalidade no ensino e ajuda no alcance do sucesso.

Aos amigos da Primeira Igreja Batista de Picos - PI, onde fui criado e ensinado, aos amigos da Segunda Igreja Batista de Teresina - PI e Comunidade Vida em São Luís - MA, grandes co-participantes dessa vitória.

À VALE S/A, em especial aos amigos Marcelo Renato Veiga e Diógenes Segantini, pela compreensão, flexibilidade e por acreditar no meu potencial, possibilitando a conclusão deste obra.

A todos os professores e funcionários do Programa de Pós-Graduação em Energia e Ambiente da UFMA, em especial ao coordenador, Prof. Dr. Adeilton Pereira Maciel, e a Mônica Monteiro, grandes coparticipantes desse trabalho.

Aos grandes amigos e irmãos conquistados na universidade, professores e companheiros de classe, agora colegas de profissão e companheiros de jornada.

A todos, meu humilde e sincero, OBRIGADO!

RESUMO

O presente trabalho explana a respeito da utilização do sol como fonte de energia, os parâmetros que caracterizam a energia solar fotovoltaica e uma utilização prática dessa fonte energética em trechos ferroviários para fins de iluminação. É mostrado que a energia solar presta-se bem a produção em pequena escala em áreas remotas, o que já pode ser visto em muitas áreas do Brasil. O trabalho faz ainda um comparativo entre a energia solar fotovoltaica e as demais fontes de energia, estabelecendo as características favoráveis e contrárias de cada uma delas para iluminação em Passagens de Níveis (PN's) em ferrovias. Em síntese, estuda-se a viabilidade do uso da energia solar para fins de iluminação em ferrovias, estas localizadas em áreas remotas, e é apresentada uma aplicação prática descentralizada dessa solução.

Palavras-chave: Energia Solar, Iluminação, Ferrovias, Áreas Remotas, Aplicação.

ABSTRACT

This thesis explains about the use of the sun as an energy source, the parameters that characterize the photovoltaic solar energy and a practical application of this energy source in railways for lighting purposes. The Solar Energy presents good results for small-scale applications, especially in remote areas, which can be seen in many regions of Brazil. The thesis also makes a comparison between solar energy photovoltaic and other energy sources, establishing the favorable and unfavorable characteristics of each one, with the objective of lighting the Level Crossings (LCs) in railways. In summary, this thesis studies the feasibility of using solar energy for lighting purposes in railroads located in remote areas. A practical application of this solution is presented.

Keywords: Solar Energy, Lighting, Railways, Remote Areas, Application.

LISTA DE FIGURAS

LISTA DE TABELAS

LISTA DE ABREVIATURAS E SIGLAS

A	Cargas elétricas livres positivas
Ah	Ampere-hora (unidade de medida de carga elétrica)
CA	Corrente Alternada
CapEx	Capital Expenditure (Despesas de Capital)
CC	Corrente Contínua
E_g	Tensão elétrica necessária a quebrar enlace de átomo
eV	Elétron-Volt (Unidade de energia / $1,6 \times 10^{-19}$ J)
EV	Estudo de viabilidade
GMG	Grupo Motor-Gerador
IP	Índice de Proteção
J	Joule (Unidade de energia)
kW	Quilowatts (unidade de medida de potência ativa)
kWh	Quilowatts-hora (Unidade de energia)
LED	Ligth Emitting Diode (Diodo Emissor de Luz)
Lux	Unidade de iluminamento
N	Tipo de Silício dopado com Fósforo
NBR	Norma Brasileira Regulamentadora
P	Tipo de Silício dopado com Boro
PIB	Produto Interno Bruto
PN	Passagem de Nível – Sob a ferrovia
Q	Cargas elétricas livres negativas
RT	Requisição Técnica
SAE	Society of Automotive Engineers – EUA (Norma para Aços-carbono)
SI	Sistema Internacional de Unidades
V	Volt (unidade de medida de tensão)
W	Watt (Unidade de medida de potência ativa)
Wp	Watt-pico (Unidade de potência ativa em seu valor máximo)

SUMÁRIO

CAPÍTULO 01

1– APRESENTAÇÃO

1.1 – INTRODUÇÃO

A consciência humana dos crescentes perigos da poluição é algo cada vez mais presente na sociedade. A crescente demanda de energia em todo mundo propiciou que grande importância fosse associada à exploração de novas fontes de energia, em utilização conjunta ou de maneira substitutiva às fontes convencionais.

São várias as fontes de energias renováveis, que vão desde a utilização dos ventos na produção de outros tipos de energia até a utilização das ondas no mar e diferenças de temperatura entre os vários níveis da água. Uma das fontes de energias renováveis com grande potencial é o sol, cuja energia irradiada por unidade de tempo é extremamente grande (UT de Lisboa, 2014).

A base científica primária para utilização da energia solar pelo homem está sendo adquirida já há alguns anos. Em muitos dos casos, a falta de investimentos públicos, das iniciativas privadas, das instituições financeiras e acadêmicas, a falta de eventos tecnológicos que incentivem pesquisadores e discentes, acabam por prejudicar a disseminação e efetiva aplicabilidade da energia solar. Falta, no entanto, a vontade política para a extensão de sua exploração em larga escala.

Além disso, há uma necessidade social de técnicas que permitam a produção descentralizada de energia em comunidades pequenas e dispersas. A energia solar presta-se bem a produção em pequena escala em áreas remotas, o que já pode ser visto em muitas áreas do Brasil (MONTEIRO, 2012).

A conversão da energia solar em energia utilizável pelo ser humano, dependente das tecnologias disponíveis, se processa na medida da maior ou menor disponibilidade de radiação solar na região que pretenda servir e está intimamente relacionada com as condições climáticas efetivas, guardando grande dependência com o fator econômico.

Atualmente vários setores da sociedade, unindo organizações privadas e públicas objetivam, cada vez mais, alargar suas fronteiras e mostrar seu comportamente e sua preocupação com a sociedade geral, principalmente no quesito sustentabilidade. Além disso, a gestão pela responsabilidade social já é encarada, no meio empresarial, como um diferencial competitivo importantíssimo, que pode influenciar diretamente os negócios das empresas, fortalecendo seu conceito e sua imagem perante os consumidores e os demais stakeholders, ou seja, pessoas ou organizações diretamente e indiretamente afetadas e envolvidas (MOTA, 2006).

Com a crescente demanda por energias renováveis, em virtude da necessidade vital de melhoria da qualidade ambiental, o Brasil, por estar localizado em grande parte na região inter-tropical e possuir enorme potencial de aproveitamento de energia solar durante o ano todo, desperta para produzir suporte técnico e científico para esta modalidade de energia com reconhecido poder de crescimento.

Documentos internacionais reportam para o ano de 2050 que 50% da geração de energia no mundo virão de fontes renováveis. Dessa demanda, 25% serão supridos pela energia solar fotovoltaica. Populações do fim do século dependerão em parte 90% das energias renováveis, dos quais 70% será de fotovoltaica. Portanto, esses números aplicados ao Brasil indicam que haverá um crescimento da eletricidade solar fotovoltaica, seguida da energia eólica, podendo vir a predominar sobre a energia hidroelétrica, a qual atualmente representa elevada parcela da matriz energética nacional. Incontáveis estudos apontam ainda que a qualidade de vida das futuras gerações dependera intensamente das tecnologias de exploração da energia solar. Fato é que, diante de firmes tendências, o Brasil precisa no curto prazo ingressar de forma sustentável no mercado de energia fotovoltaica a fim de garantir seu espaço estratégico na geração de dividendos socioeconômicos no futuro. Este estudo será focado na utilização do sol como fonte de energia, nos parâmetros que a caracterizam e em uma utilização prática dessa fonte energética em trechos ferroviários, antes nunca implantada.

1.2 – OBJETIVOS

Esta dissertação de mestrado tem como objetivo apresentar a aplicação prática da energia solar em trechos ferroviários, os quais em sua maioria estão localizados em áreas distantes e de difícil acesso. Tem-se por objetivo preliminar realizar o embasamento teórico quanto aos principais equipamentos e componentes do sistema solar, em suas mais diversas aplicações, fazendo uma revisão bibliográfica sobre o tema energia solar e as diversas aplicações na sociedade.

Como finalidade, inclui-se ainda a identificação e aplicabilidade dos principais equipamentos necessários à energia solar, assim como as especificidades de projeto nas aplicações voltadas a iluminação.

Além disso, temos por objetivo promover um incremento e disponibilizar material didático ao corpo acadêmico da Universidade Federal do Maranhão - UFMA, assim como demais instituições, além do corpo técnico e profissional existentes nas empresas privadas e instituições de pesquisa, no que diz respeito ao âmbito de iluminação oriunda de sistemas solares.

1.3 – METODOLOGIAS

Foi pesquisado detalhadamente o tema em questão através do material bibliográfico presente nas referências dessa dissertação, pesquisa eletrônica para localização de diversas bibliografias, aprendizado adquirido ao longo do Mestrado Profissional em Energia e Ambiente, principalmente na disciplina de Introdução a Energia Solar Fotovoltaica; detalhamento de projeto básico e executivo, definindo dados dimensionais a partir das necessidades e características locais e pesquisa junto a fornecedores de equipamentos de sistemas solares. Além da formação acadêmica na área de energia elétrica.

Foram utilizados equipamentos de estimação da radiação solar, a saber o Heliógrafo e Actinógrafo, para obtenção de medidas solares necessárias ao estudo de viabilidade. Estes dados foram minuciosamente analisados de modo a obter o dado mais próximo a realidade. Os equipamentos permaneceram no local estudado durante o período de 1 semana (7 dias) coletando dados de maneira contínua e amostral.

Os demais dados e valores referentes às demais alternativas estudadas foram obtidos a partir de sites especializados, e os valores são os praticados no mercado. Além disso, foram utilizados como fonte de pesquisa sites meteorológicos que embasaram teoricamente o estudo e serviram como fonte de informações destinadas a escolha da melhor alternativa.

16

Atrelados as informações acima, foram desenvolvidos estudos de viabilidade que demonstraram a aplicabilidade da solução, assim como a instalação física do projeto de iluminação em ferrovias.

CAPÍTULO 02

2 – FUNDAMENTAÇÃO TEÓRICA

2.1 – IRRADIAÇÃO SOLAR E SOLARIMETRIA

Energia solar é a designação dada a qualquer tipo de captação de energia luminosa proveniente do Sol, e posterior transformação dessa energia captada em alguma forma utilizável pelo homem, seja diretamente para aquecimento de água ou ainda como energia elétrica ou mecânica (SILVA, 2012).

O Sol é nossa principal fonte de energia a qual se manifesta na forma de luz e calor. Este astro formou-se há 4,5 bilhões de anos e tem combustível para mais 5 bilhões de anos. Um grama de matéria solar libera tanta energia quanto a combustão de 2,5 milhões de litros de gasolina. Em menos de uma hora, o Sol envia à Terra tanta energia quanto a humanidade consome em um ano. O mesmo é uma esfera de gases a temperaturas muito altas, composta, principalmente, por átomos de hidrogênio e hélio (VLASOV, 1980).

Grande parte desta energia chega na Terra em forma de radiação eletromagnética, é convertida em outras formas de energia como, por exemplo, calor e energia cinética da circulação atmosférica, conversão que se processa de maneira desigual, temporal e espacial. Os elementos causadores de tal desigualdade são os movimentos da Terra em relação ao Sol e também em variações na superfície da Terra.

No seu movimento de translação ao redor do Sol, a Terra recebe 1.410 W/m² de potência, medição feita em uma superfície normal (em ângulo reto) com o Sol. Disso, aproximadamente 19% é absorvido pela atmosfera e 35% é refletido pelas nuvens (YOUNG, 2013).

Para entendimento da Solarimetria, faz-se necessário entender alguns termos importantes usualmente utilizados. A Radiação Solar é um fenômeno físico, onde são transportados calor e energia na forma de ondas eletromagnéticas oriundas do sol. Já a Irradiância é uma grandeza física que representa a potência da energia radiante ou fluxo de energia que atravessa determinada área (W/m²). A densidade de fluxo de radiação é uma grandeza que representa o fluxo de radiação integrado para todo o espectro, ou seja, a quantidade de energia radiante que passa através de um certo plano, na unidade de tempo e de área, compreendendo as radiações provenientes de todas as direções. Ou, simplesmente, como a taxa na qual a energia radiante incide em uma superfície, por unidade de área. A Irradiação é também uma grandeza física que representa a irradiância em um intervalo de tempo (Wh/m²) (PEREIRA, 2012).

A radiância é a taxa de energia por unidade de área e por unidade de ângulo sólido normal a esta área. Já a irradiação é a energia incidente por unidade de área, numa superfície, obtido por integração da irradiância em um tempo especificado.

À proporção que a radiação atravessa a atmosfera terrestre, esta sofre atenuação pelos processos de absorção, reflexão e refração. Estes processos são verificados quando os raios de luz colidem com as nuvens ou com o vapor d´água existente na atmosfera. A radiação que chega à superfície terrestre pode ser classificada como direta e difusa.

Dizemos que a distribuição espectral da radiação solar incidente, na camada superior da atmosfera, é comparável àquela emitida por um corpo negro a aproximadamente 6000K. Na travessia da radiação pela atmosfera, vários processos, que mudam sua distribuição espectral, são observados. As mais importantes absorções são devidas ao vapor d´água, no infravermelho, e ao ozônio, no ultravioleta. O espalhamento da radiação, notadamente nas ondas curtas, é responsável pelo decréscimo nas regiões do visível e o UV próximo.

Por sua vez, boa parte da radiação solar é transmitida diretamente a terra e alcança a superfície em feixes aproximadamente paralelos, como se comprova olhando diretamente para o Sol, sendo este processo regido pela lei de Bouguer-Lambert. Dessa forma, a radiação direta é aquela que se recebe na superfície terrestre sem ter sofrido nenhum dos processos antes mencionado ao passar pela atmosfera.

Mede-se a radiação solar direta por meio de instrumentos denominados de Pirheliômetros, cujas superfícies receptoras são dispostas normalmente aos raios solares incidentes.

Já na radiação difusa a energia constituinte da radiação difusa do céu é o resultado do espalhamento dos raios solares incidentes em algum tipo de partícula, suspensa na atmosfera.

Diz-se que radiação difusa é a radiação solar recebida do Sol após sua direção ter sido alterada devido à dispersão pela atmosfera, ou, ainda, que a radiação difusa é a que se recebe depois de ter mudado sua direção pelos processos de refração e reflexão que ocorrem na atmosfera.

No que diz respeito a radiação global ou total, define-se como sendo aquela recebida de um ângulo sólido de 2πesferorradianos sobre uma superfície horizontal. Ela inclui a recebida diretamente do ângulo sólido do disco solar e a radiação difusa dispersada ao atravessar a atmosfera, representando a soma da radiação direta com a radiação difusa recebida por uma superfície. Sua medida é fornecida pelo instrumento denominado de Piranômetro.

Diante disso, outro termo bastante utilizado é a Insolação, também chamada de 'horas de sol', é o período de tempo durante o qual o feixe de radiação solar direta ilumina uma superfície (horas). Esta por sua vez pode ser Direta, atinge diretamente uma superfície, Difusa, indiretamente aplicada a uma superfície com menos intensidade, Albedo, que é fruto da reflexão de uma radiação direta com a mesma intensidade, vide Figura 2.1 (YOUNG, 2013).

Na região nordeste, a Radiação Global Média é de 5,9 kWh/m², considerado bem significativo quando comparado a outras regiões, como por exemplo a região sul, que possui uma Radiação Global Média de 5,2 kWh/m² (PEREIRA, 2006).

No Brasil cada vez mais está sendo estimulado o desenvolvimento de projetos na área de energia solar. A expectativa é de que entre 1º de Janeiro de 2016 e 1º de maio de 2018 sejam incorporados no sistema uma potência instalada de 2.729 MW fotovoltaica, provenientes de novos projetos (ESCOBAR, 2013).

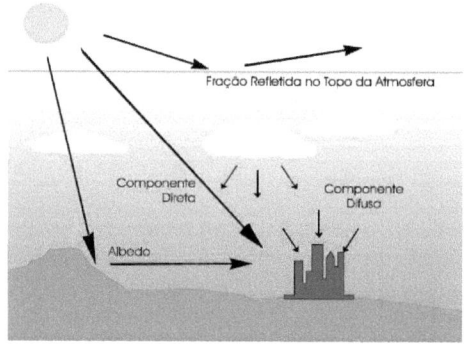

Figura 2.1 – Componentes da Radiação Eletromagnética do Sol
(Fonte: Young, 2013)

20

De acordo com Vianello e Alves (2000), a constante solar é definida como a irradiância sobre uma superfície normal aos raios solares, à distância média Terra-Sol, que é a taxa da energia solar total, em todos os comprimentos de onda, incidente em uma área unitária em exposição normal aos raios do Sol, a uma distância de 1 UA (distância média Terra-Sol). O valor é dado por: $I_{sc} = 1367\ Wm^{-2}$.

2.2 – REAÇÕES NUCLEARES DO SOL

Apenas na década de 30, século XX, é que os astrônomos compreenderam que as reações nucleares são as responsáveis pela energia emitida pelas estrelas. No Sol isso não é diferente. A energia oriunda do sol que chega anualmente a terra é cerca de 10^{18} kWh, isso significa que num só mês o Sol envia a Terra o equivalente de cerca de 10^{13} toneladas de carvão (CHUERUBIM, 2012).

A reação nuclear mais importante que ocorre no sol é a fusão do hidrogênio em hélio. O Universo é composto essencialmente por hidrogênio e hélio. Em todas as reações existentes no Sol os reagentes são apenas dois porque a probabilidade de reagirem três núcleos ao mesmo tempo é muito pequena (WU, 2012).

O núcleo do sol tem uma temperatura muito alta, superior a 15 milhões de Kelvin (K). No centro, a gravidade puxa toda a massa para o interior e cria uma pressão intensa. A pressão é alta o suficiente para forçar os átomos de hidrogênio a se unirem em reações de fusão nuclear (WENESER, 1987).

A primeira etapa da fusão solar é uma combinação de dois prótons formando a única partícula estável com dois núcleos - o deutério.

$$^{1}H + {}^{1}H \rightarrow {}^{2}D + e^{+} + \nu \qquad\qquad Q = 1,44\ MeV\ (VLASOV,\ 1980)$$

A seção eficaz desta reação é muito pequena. Assim, no núcleo do Sol, a taxa desta reação é de 5×10^{-18}/s por próton. Logo, podemos concluir que a enorme radiação que o Sol emite deve-se ao elevado número de prótons. No núcleo atingem o número de 10^{56} e, portanto, a taxa total da

21

reação no núcleo do Sol é de 10^{38}/s. Esta reação é muitas vezes apelidada de "gargalo" porque esta etapa é a mais lenta da cadeia de reações e a que tem menor probabilidade de acontecer.

Após a formação do deutério é muito provável que este reaja com um próton:

$$^2D + {}^1H \rightarrow {}^3He + \gamma$$

Q=5,49 MeV (VLASOV, 1980)

É muito difícil a reação entre dois deutérios por causa do pequeno número destes comparado com o número de prótons presentes. Para cada deutério existem 10^{18} prótons. Praticamente todo o deutério irá reagir com um próton para formar ^3He.

A reação de ^3He com um próton não é possível:

$$^3He + {}^1H \rightarrow {}^4Li \rightarrow {}^3He + {}^1H$$

(VLASOV, 1980)

O núcleo ^4Li não existe no Sol , pois se formado, este divide-se imediatamente em ^3He e em um próton. O ^3He também não reage com o deutério, pois este após a sua formação transforma-se quase imediatamente em ^3He. Assim a probabilidade de um ^3He reagir com outro ^3He é elevada:

$$^3He + {}^3He \rightarrow {}^4He + 2\,{}^2D + \gamma$$

Q=12,86 MeV (VLASOV, 1980)

Este é o chamado ciclo próton-próton e pode ser traduzido numa forma simplificada pela equação:

$$4\,{}^1H \rightarrow {}^4He + 2e^- + 2\nu$$

Q=26,7 MeV (VLASOV, 1980)

Existe outro ciclo capaz de converter hidrogênio em hélio chamado de Ciclo do Carbono (CNO). Este no caso do Sol e de outras estrelas de massa mais baixa é pouco significativo. Este processo é muito importante em estrelas cuja temperatura no núcleo seja muito elevada.

Este é chamado o ciclo do Carbono porque precisa de um núcleo de carbono como catalisador. Veja a seguir.

$$^{12}C + {}^{1}H \rightarrow {}^{13}N + \gamma$$
$$^{13}N \rightarrow {}^{12}C + e^{+} + \nu$$
$$^{12}C + {}^{1}H \rightarrow {}^{14}N + \gamma$$
$$^{14}N + {}^{1}H \rightarrow {}^{10}O + \gamma$$
$$^{15}O \rightarrow {}^{15}N + e^{+} + \nu$$
$$^{15}N + {}^{1}H \rightarrow {}^{12}C + {}^{4}He \qquad \text{(VLASOV, 1980)}$$

Para a formação de uma partícula alfa é necessário que ocorram todos estes passos uma vez. O segundo e o quinto passo ocorrem apenas porque ^{13}N e ^{15}O são isótopos instáveis com semividas muito curtas. O ciclo começa com a reação entre um hidrogênio e um carbono e o produto final é um carbono semelhante; o carbono 12 funciona como catalisador. Mesmo que a temperatura seja suficientemente alta o ciclo CNO pode não funcionar se não existir carbono na estrela (HOWARD, 2005).

Existem reações que ocorrem a temperaturas bastante elevadas. Quando a temperatura atinge 10^{8} K, outras reações começam a converter hélio em carbono. Três partículas alfa formam o carbono:

$$^{4}He + {}^{4}He \Leftrightarrow {}^{8}Be + \gamma$$
$$^{8}Be + {}^{4}He \rightarrow {}^{12}C + \gamma \qquad \text{(VLASOV, 1980)}$$

Esta reação é conhecida como "processo triplo alfa". A primeira reação forma ^{8}Be, um isótopo muito pouco estável. A reação inversa ocorre então praticamente no mesmo instante em que é formado o ^{8}Be. Contudo, por vezes, este isótopo reage com hélio-4 formando assim o carbono-12. Note-se que elementos leves que não o hidrogênio (^{1}H) ou hélio são raros nas estrelas (deutério, lítio, berílio, boro) pois facilmente reagem com um próton para formar um ou dois núcleos de hélio:

$$^{7}Li + {}^{1}H \rightarrow 2\ {}^{4}He \qquad \text{(VLASOV, 1980)}$$

23

A temperaturas e densidades cada vez mais elevadas as reações tornam-se cada vez mais complexas. A formação de elementos ocorre de uma maneira geral por esta ordem: carbono, neônio, oxigênio e magnésio. A partir destes elementos formam-se todos os elementos até ao núcleo de ferro (YOUNG, 2013).

Na figura a seguir, Figura 2.2, mostra a evolução do núcleo de uma estrela de 25 massas solares, desde o CNO (Ciclo do Carbono), há 7 milhões de anos, até estrutura final, seguida do suposto colapso (SOUZA, 2010).

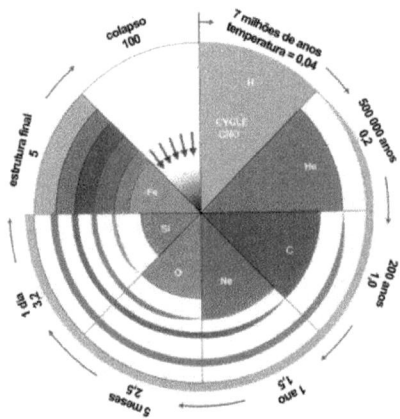

Figura 2.2 – Evolução esquemática do núcleo de uma estrela de 25 massas solares
(Fonte: Souza, 2010)

2.3 – INSTRUMENTOS DE ESTIMAÇÃO DA RADIAÇÃO SOLAR

Para controlar e ter pleno domínio dos dados a fim de manipulá-los de maneira correta, faz-se necessário a medição de valores com a utilização de instrumentos de estimação (DA SILVA, 2012).

Observa-se que os fluxos de radiação recebidos ou emitidos pela superfície da Terra, atuam decisivamente no balanço térmico do Globo Terrestre. Quando, a partir de método científico obtém-se séries regulares e bem distribuídas de registros das componentes de radiação

24

solar e terrestre, substanciam-se as condições necessárias para a utilização de tais medidas em projetos que satisfazem muitas necessidades humanas.

Obter-se medidas confiáveis de radiação, significa habilitar-se a analisar, por exemplo, as propriedades e distribuição dos elementos que constituem a atmosfera, como os aerossóis, o vapor d'água, o ozônio, ainda tão presentes na discussão do aquecimento global.

Em nosso estudo foram utilizados alguns dos instrumentos mencionados abaixo, de forma a promover informações precisas sobre as características do local, como o Heliógrafo e Actinógrafo. Os principais instrumentos de medição e suas funções estão listados abaixo.

2.3.1 – Heliógrafo

É o instrumento, vide Figura 2.3, que mede a insolação, número de horas diárias que a irradiância solar é superior a um determinado valor preestabelecido. Este tipo de informação tem como característica importante a grande quantidade de dados disponíveis. Pela sua importância nas pesquisas relacionadas à agricultura, existem séries de dados extensas no tempo e densamente distribuídas no espaço.

A radiação solar é focalizada por uma esfera de cristal de 10 cm de diâmetro sobre uma fita que, pela ação da radiação é enegrecida. O cumprimento desta fita exposta a radiação solar mede o número de horas de insolação (CRESESB, 2014).

Figura 2.3 – Heliógrafo (Fonte: CRESESB, 2008)

25

2.3.2 – Actinógrafo

É um instrumento muito utilizado devido ao seu baixo custo. Tem uma relativa importância histórica por realizar longas séries de medidas (PEREIRA, 2012). Mede a radiação solar total ou difusa, possuindo o sensor e o registrador acoplados na mesma unidade, produzindo uma leitura instantânea, vide Figura 2.4.

Figura 2.4 – Actinógrafo
(Fonte: CRESESB, 2008)

2.3.3 – Piranômetro

Denominados também como solarímetros, estes instrumentos medem a irradiação global (direta + difusa). São instrumentos com os quais são feitas a maioria das medidas de radiação existentes (CASSEL, 1941). Basicamente os dois tipos de piranômetros mais frequentemente utilizados, são: piranômetros fotovoltaicos e piranômetros termelétricos, Figura 2.5 e Figura 2.6.

Figura 2.5 – Piranômetro Fotovoltaico
(Fonte: CRESESB, 2008)

Figura 2.6 – Piranômetro Termoelétrico
(Fonte: CRESESB, 2008)

O piranômetro fotovoltaico possui elemento sensor, o qual é uma célula fotoelétrica, normalmente de silício monocristalino, que tem a propriedade de produzir uma corrente elétrica quando iluminada, sendo que quando atinge o curto- circuito, esta corrente é proporcional à intensidade da radiação incidente. Seu uso é recomendado para integrais diárias de radiação solar global sobre um plano horizontal ou para verificar pequenas flutuações da radiação, em função de sua grande sensibilidade e resposta quase instantânea, cerca de 10s. Avalia-se que, para valores diários, pode apresentar um erro de mais ou menos 3%.

Já o piranômetro termoelétrico, o que dá forma ao que se denomina pilha termoelétrica são pares termoelétricos (termopares) ligados em série. Estes equipamentos geram uma tensão elétrica proporcional à diferença de temperatura entre suas juntas, nas quais se encontram em contato térmico com placas metálicas que se aquecem de forma distinta, quando iluminadas.

São radiômetros que apresentam boa precisão, na faixa de 2% a 5%, podendo ser usados para medir radiação em escala diária, horária ou menor, com dependência do equipamento de aquisição de dados associado. A citada diferença de potencial medida na saída do instrumento pode ser relacionada com o nível de radiação incidente.

Pelas características da célula fotovoltaica, este aparelho apresenta limitações quando apresenta sensibilidade em apenas 60% da radiação solar incidente.

Existem vários modelos de piranômetros de primeira (2% de precisão) e também de segunda classe (5% de precisão). Existem vários modelos de diversos fabricantes entre eles podemos citar: Eppley 8-48 (USA), Cimel CE-180 (França), Schenk (Áustria), M-80M (Russia), Zonen CM5 e CM10 (Holanda) (CRESESB, 2014).

2.3.4 – Piroheliômetro

Por ter um ângulo de abertura pequeno, capaz de captar a radiação proveniente do Sol e cercanias (região circunsolar), é um instrumento utilizado para medir a radiação direta, Figura 2.7.

Em geral, utiliza-se uma montagem equatorial de segmento Solar, com movimento em torno de um único eixo, ajustado periodicamente para corrigir a variação da declinação solar. São

27

instrumentos de grande precisão (PEREIRA, 2012). Quando corretamente utilizados, apresentam erros da ordem de 0,2% a 0,5%.

Muitos dos pireliômetros hoje são autocalibráveis apresentando precisão na faixa de .5% quando adequadamente utilizados para medições (CRESESB, 2014).

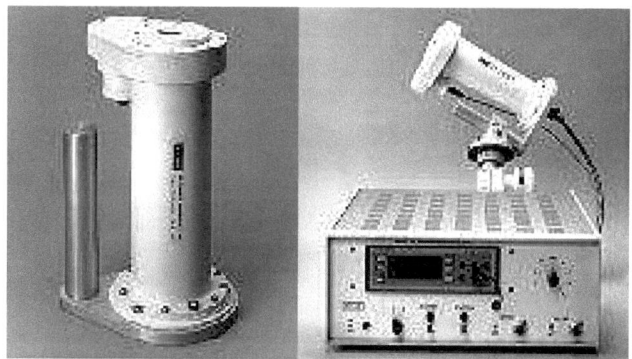

Figura 2.7 – Piroheliômetro
(Fonte: CRESESB, 2008)

2.4 – EFEITO FOTOVOLTAICO E MATERIAIS CONSTITUINTES

Todos os elementos encontrados na natureza são formados por diferentes tipos de átomos, diferenciados entre si pelos seus números de prótons, elétrons e nêutrons.

Dentre a classificação dos materiais, temos os Condutores, como por exemplo o cobre, a prata, etc. e possuem uma resistência muito baixa, não oferecendo, praticamente, nenhuma oposição à passagem da corrente elétrica. Nesses, os elétrons de valência são atraídos pelo núcleo dos átomos, com uma força muito fraca, encontrando uma grande facilidade para abandonar seus átomos e se movimentarem "livremente" no interior da substância. Por esse motivo é que eles são chamados "elétrons livres" (VLASOV, 1980).

Temos também os materiais Isolantes, como por exemplo a mica, o vidro, a borracha, etc. que possuem uma resistividade muito alta, bloqueando a passagem da corrente elétrica. Nestes, os elétrons de valência estão rigidamente ligados ao núcleo dos átomos, sendo que pouquíssimos conseguem desprender-se de seus átomos para se transformarem em elétrons livres.

E, mesclando características de ambos, temos ainda os Semicondutores, que apresentam uma resistividade intermediária, isto é, uma resistividade maior que a dos condutores e menor que a dos isolantes. Como exemplo, podemos citar o Carbono, o Silício, o Germânio, etc. Com referência à condução da corrente elétrica, os semicondutores a conduzem mais que os isolantes, porém menos que os condutores. O semicondutor comporta-se de um modo intermediário entre o isolante e o condutor.

Os sistemas solares fotovoltaicos podem ser fabricados com diversas tecnologias, entre elas: Silício monocristalino, Silício policristalino, Silício amorfo, Disseleneto de Cobre, Índio e Gálio (CIGS), Telureto de Cadmio (CdTe) e Semicondutores Orgânicos. Os módulos de silício são os mais utilizados no mundo, provavelmente permanecendo assim pelos próximos anos.

O Brasil possui em seu território grandes jazidas de quartzo de qualidade, além de um grande parque industrial que extrai esse mineral e o beneficia, transformando-o em silício grau metalúrgico. O silício grau metalúrgico e considerado matéria-prima ainda bruta para a produção de painéis fotovoltaicos.

O grau de pureza desse material deve ser alto. Esse processo de purificação agrega imenso valor ao mineral brasileiro, transformando-o tanto em silício grau solar quanto em silício grau eletrônico.

O silício grau solar, dependendo de seu nível de purificação, pode ser utilizado como matéria-prima para a indústria fotovoltaica e para a produção de semicondutores. A possibilidade de produção nacional de silício grau eletrônico pode estimular a instalação de fabricas de componentes e de equipamentos eletrônicos no país.

As substâncias cujos átomos se agrupam formando uma estrutura ordenada e repetitiva são denominadas substâncias cristalinas, apresentando uma determinada estrutura cristalina. O Germânio e o Silício possuem uma estrutura cristalina cúbica.

O cristal de silício puro não possui elétrons livres e, portanto, é um mau condutor elétrico. Para alterar isto, se acrescentam pequenas porcentagens de outros elementos (ADLER, 1941). Este processo denomina-se dopagem.

Mediante a dopagem do silício com o fósforo obtém-se um material com elétrons livres ou material com portadores de carga negativa (silício tipo N). Realizando o mesmo processo, mas acrescentando Boro ao invés de fósforo, obtêm-se um material com características inversas, ou seja, déficit de elétrons ou material com cargas positivas livres (silício tipo P) (MUNDO EDUCAÇÃO, 2014).

Ao realizar a união de ambos os cristais, ocorre uma difusão de elétrons do cristal tipo N ao cristal tipo P (GREEN, 2000). Ao se estabelecer essas correntes aparecem cargas fixas em uma zona em ambos os lados da junção, zona essa que recebe o nome de barreira interna de potencial, zona de esgotamento ou faixa proibida.

Com o progresso da difusão, a zona de esgotamento vai aumentando sua largura aprofundando-se nos cristais em ambos os lados da junção (CRESESB, 2014). A acumulação de íons positivos na zona N e de íons negativos na zona P, cria um campo elétrico que atuará sobre os elétrons livres da zona N com uma determinada força de deslocamento, que se oporá à corrente de elétrons e terminará por detê-los. Este campo elétrico é equivalente a dizer que aparece uma diferença de tensão entre as zonas P e N (MUNDO EDUCAÇÃO, 2014). Observe a Figura 2.8 abaixo.

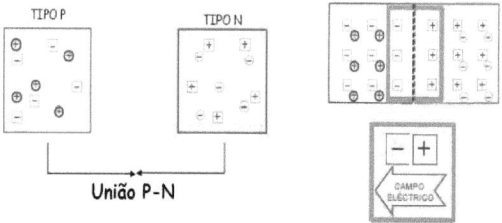

Figura 2.8 – Junção P-N
(Fonte: CRESESB, 2008)

O elemento químico mais abundante na crosta terrestre é o Oxigênio, compõe 49,78% da massa da superfície da terra. O segundo elemento químico mais abundante é o Silício, que compõe cerca de 27,70% da crosta terrestre (MUNDO EDUCAÇÃO, 2014). Os silicatos são a base de muitos dos minerais existentes na natureza: quartzo, feldspato, mica, etc. A energia necessária para quebrar o enlace (*band gap*) que une as cargas positivas e negativas do átomo de um cristal de silício é E_g = 1,12 eV (1 eV = 1,6 x 10^{-19} J) (KATIYAR, 2011).

O silício em estado natural (minério) tem impurezas (diversos outros elementos químicos) que devem ser reduzidas para que atinja características de semicondutor, depois da adição de traços de elementos específicos, como boro (B) e fósforo (P) – dopagem. Em linhas gerais, necessita-se de um processo de purificação no qual se reduza o nível de outros elementos químicos para que se atinja 99,9999% de pureza para aplicações em células solares (silício purificado em grau solar – Si-GS), ou 99,9999999% de pureza para aplicações na indústria eletrônica – (silício purificado em grau eletrônico – Si-GE) (ESPOSITO, 2013).

Efeito fotovoltaico é a conversão direta da luz em eletricidade. A luz está constituída por pacotes de energia (fótons) que podem quebrar ligação. Um cristal "iluminado" tem cargas elétricas livres, A e Q (positivas e negativas, respectivamente – nomenclatura arbitrariamente definida), que podem movimentar-se por ele (PEREIRA, 2012).

Se não existir nada que se oponha, as cargas A e Q se movimentam de forma aleatória no interior do cristal, até que tornem a se encontrar e restabeleçam sua ligação (enlace). Então a energia E_g, que foi necessário absorver para quebrá-lo é liberada na forma de calor.

Se existir um campo elétrico no interior do cristal, as cargas A e Q se movimentam de forma ordenada, se separam e tendem a se juntar em áreas diferentes do cristal, isto origina o aparecimento de uma diferença de potencial (voltagem) entre seus extremos (KATIYAR, 2011). Assim, a iluminação faz que o cristal se converta em um "gerador" elétrico. Esta capacidade natural dos fótons para se disfarçar de volts no vestuário de alguns materiais, é o denominado "efeito fotovoltaico", que Becquerel observou pela primeira vez em 1839 (UT de Lisboa, 2014).

O crescimento na utilização de placas solares a partir de 1980 foi muito grande, passando para aplicações na casa de Multi-MegaWatt em plantas de geração de energia solar fotovoltaica. No ano de 2009 a produção cresceu para 10,66 GW de potência. Estados Unidos, Japão, Alemanha, China e Taiwan possuem os maiores mercados de aplicação de energia solar (RAZYKOV, 2010).

A produção de energia solar está diretamente relacionada as estações do ano e a radiação solar existente em cada uma delas. Onde a média de radiação em cada um dos meses explicita a melhor fase do ano para produção de energia. Esse produção média varia de região para região (IGA, 2003).

Se a junção P-N for exposta a fótons com energia maior que o *gap* (zona de esgotamento), ocorrerá uma geração de pares elétrons-lacuna. Se isto acontecer na região onde o campo elétrico é diferente de zero, as cargas serão aceleradas, gerando assim, uma corrente através da junção (HU, 2012). Este deslocamento de cargas dá origem a uma diferença de potencial (Efeito Fotoelétrico). Se as duas extremidades do pedaço de silício forem conectadas por um fio, haverá uma circulação de elétrons. Esta é a base de funcionamento das células fotovoltaicas (UT de Lisboa, 2014). Veja Figura 2.9 abaixo.

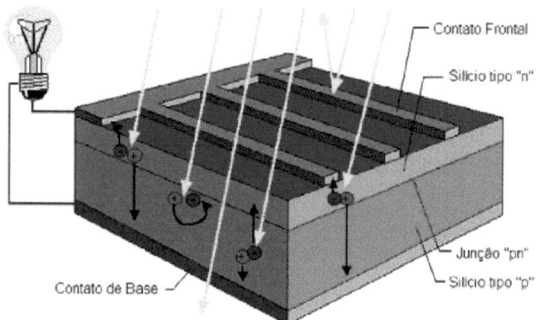

Figura 2.9 – Efeito Fotovoltaico
(Fonte: CRESESB, 2008)

2.5 – PARÂMETROS ELÉTRICOS DE UMA CÉLULA SOLAR

Usualmente a potência de pico é utilizada para exemplificar a potência de sistemas fotovoltaicos. Na Figura 2.10 abaixo observamos os principais parâmetros, dentre eles a Corrente de potência máxima (I_{mp}), a Corrente de curto circuito (I_{sc}), a Tensão de circuito aberto (V_{oc}), a Tensão de potência máxima (V_{mp}) e a Potência máxima (P_m).

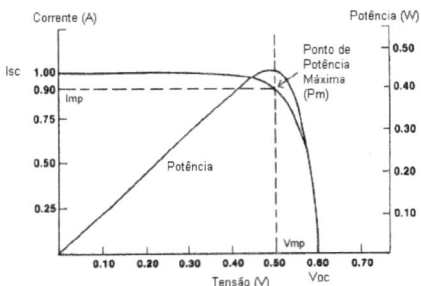

Figura 2.10 – Parâmetros de Potência Máxima
(Fonte: NELSON, 2003)

A célula pode está sob efeito de fótons, dessa forma a tensão de circuito aberto é aquela medida entre os terminais da célula solar, quando nenhuma corrente circula pela mesma.

Já para curto-circuito acorrente é aquela que circula quando os terminais da célula solar são curto-circuitados. A máxima potência que uma célula ou painel fotovoltaico podem oferecer é dada pela equação abaixo.

$$P_m = V_{mp} \times I_{mp} \text{ (NELSON, 2003)}$$

A célula solar possui um melhor efeito e desempenho quanto mais quadrada for a curva da Figura 2.10.

O Fator de Forma (FF) é uma maneira de medir este desempenho. A equação é dada pela equação abaixo.

$$FF = V_{mp} \times I_{mp} / V_{oc} \times I_{sc} \text{ (NELSON, 2003)}$$

A eficiência da célula é dada pela equação abaixo.

$$\eta = V_{oc} \times V_{oc} \times FF / P_s \text{ (NELSON, 2003)}$$

Sendo que Ps é a potência de radiação padrão (1000W/m²).

33

A eficiência quântica máxima depende do espectro incidente e do *band gap*, e para um espectro solar padrão é cerca de 33% para uma tensão E_g de 1,12eV. Para um dispositivo real se aproximar do limite de eficiência, ele deve ter um ótimo *band gap*, forte absorção de fótons, eficiente separação e transporte de portadores de carga, e a resistência de carga deve ser otimizada (NELSON, 2003).

O rendimento do dispositivo considera os demais parâmetros inerentes à célula fotovoltaica tais como qualidade dos contatos metálicos, da junção P-N etc. Já a eficiência quântica mensura a capacidade do material usado em converter fótons em pares elétron-buraco e depende do comprimento de onda usado.

Por sua vez, o painel fotovoltaico tem suas características elétricas diretamente afetadas pela intensidade luminosa e pela temperatura das células. A corrente fotogerada nos módulos aumenta com o aumento da intensidade luminosa, dentro dos valores de radiância na superfície terrestre.

Na Figura 2.11 a seguir será mostrado que, em diferentes valores de radiância, a célula comporta-se de maneira diferente. Cada curva representa uma condição diferente de radiância em W/m², sendo 1000 W/m² a radiância padrão. Além disso, será mostrado que sob diferentes valores de temperatura, o comportamento da célula é alterado, também sendo 1000 W/m² a radiância padrão.

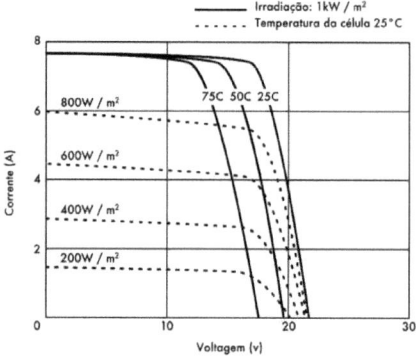

Figura 2.11 – Diferentes curvas de corrente e tensão (Fonte: NELSON, 2003)

A potência máxima disponibilizada pela célula ou painel fotovoltaico é reduzida com o aumento da temperatura. De uma forma geral, pode-se dizer que a célula solar fotovoltaica se beneficia da luz do Sol, mas não de alta temperatura.

À medida que a temperatura da célula aumenta, a tensão de circuito aberto torna-se cada vez menor, reduzindo a potência disponibilizada pelo painel fotovoltaico. A seguir a equação que caracteriza o fotodiodo não iluminado.

$$J_{dark}(V) = J_o(e^{\frac{qV}{k_BT}} - 1) \quad \text{(NELSON, 2003)}$$

q = carga elétrica elementar

V = tensão

K_B = constante de Boltzmann

T = temperatura em Kelvin

Vo = densidade de corrente independente da luz incidente. Pode ser expressa por:

$$J_o = e.n_i^2 \left[\frac{D_p}{L_p N_D} + \frac{D_n}{L_n N_A} \right] \quad \text{(NELSON, 2003)}$$

D_x = difusividade do material tipo x

L_x = comprimento de difusão do material tipo x

N_x = nível de dopagem do material tipo x

n_i = quantidade de portadores intrínsecos

Com o aumento da temperatura, a quantidade de portadores intrínsecos e a difusividade aumentam, A expressão é representada a seguir.

$$D_x = \frac{kT}{e} \mu_x \quad \text{(NELSON, 2003)}$$

No fotodiodo, para a situação ideal temos:

$$J(V) = J_o (e^{\frac{qV}{k_B T}} - 1) - J_p \quad \text{(NELSON, 2003)}$$

J_p = densidade de corrente fotogerada.

Embora a mobilidade (μ) possa diminuir com o aumento da temperatura, o fator 'kT/e' é dominante.

Esse domínio contribui para o aumento de , contribuindo com o aumento de J_o e a densidade de corrente na célula (J), a qual depende da faixa de temperatura e quantidade de dopagem.

A equação a seguir mostra a tensão de circuito aberto, na qual é reduzida quando a temperatura na célula solar aumenta. Esse fenômeno também é observado na Figura 2.11.

$$V_{oc} = \frac{KT}{q} \ln\left(\frac{J_{sc}}{J_o} + 1\right) \quad \text{(LIMA MONTEIRO, 2005)}$$

Para a densidade de corrente na célula solar, a equação é dada a seguir, a qual aumenta com o aumento da temperatura.

$$J(V) = J_{sc} - J_o (e^{\frac{qV}{k_B T}} - 1) \quad \text{(LIMA MONTEIRO, 2005)}$$

No momento da maior radiância possível ocorre a melhor condição operacional, ou seja, a condição ótima. Dessa forma, nessa condição, a curva IxV se aproxima do formato de um quadrado. Quando mais quadrada for essa curva, mais eficiente será a célula solar (NELSON, 2003). A figura 2.12 a seguir mostra o circuito elétrico equivalente para um foto detector.

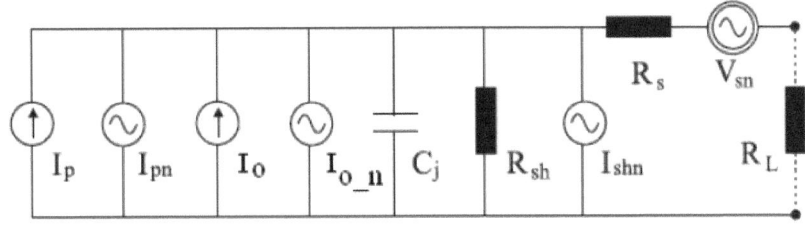

Figura 2.12 – Esquema de um Fotodetector (Fonte: LIMA MONTEIRO, 2002)

Sendo que as variáveis serão mostradas a seguir:

I_p = corrente fotogerada;

I_{pn} = ruído da corrente fotogerada. A taxa de fótons que atinge o fotodetector não é constante, logo há uma variação na geração de pares elétron-lacuna. Esta variação é representada por um ruído na fotocorrente coletada. A geração de pares elétron-lacuna se dá pela absorção de fótons, pelas gerações térmicas e pelas transições de banda induzidas por defeitos na estrutura do semicondutor, geralmente mais próximo à superfície. Está relacionado à forma aleatória como os fótons incidem no dispositivo;

I_o = corrente na ausência de luz. É a corrente verificada mesmo quando o dispositivo está protegido da luz, ou seja, sem fótons;

I_{o_n} = ruído associado à variação da corrente no escuro. A sensibilidade do dispositivo depende da tecnologia utilizada, da temperatura e da largura da camada de depleção. Este ruído representa um *off set* no sinal devido à corrente de dispersão que circula na região de depleção, além da componente geração-recombinação que, no Silício é dominante;

C_j = capacitância da junção P-N;

R_{sh} = resistência paralelo. Representa a condutância finita da região de depleção (varia de aproximadamente 10MΩ a 10GΩ);

37

R_s = resistência série. Representa a resistência da camada compreendida entre o limite da região de depleção e o contato metálico (varia de poucos ohms a centenas de ohms);

I_{shn} = ruído térmico associado à resistência paralelo;

V_{sn} = ruído térmico associado à resistência série;

R_L = resistência de carga.

A figura 2.12 representa vários ruidos. Estes ruídos podem ser inseridos pela fonte de luz, pelo processo tecnológico, pelo layout empregado ou pelo mecanismo de detecção, porém são inerentes ao foto detector, além de contribuição do circuito externo conectado ao fotodetector, que também pode contribuir.

O ruído térmico está presente em todo material resistivo e cresce diretamente com a temperatura. Logo, ocorre o surgimento de portadores de carga interiormente aos materiais dielétricos.

Caso sejam comparados os circuitos de uma célula fotovoltaica e de um fotodiodo será verificado que existem componentes no fotodiodo que podem ser desconectados do formado da célula.

A seguir na Figura 2.13 um circuito elétrico equivalente de uma célula fotovoltaica.

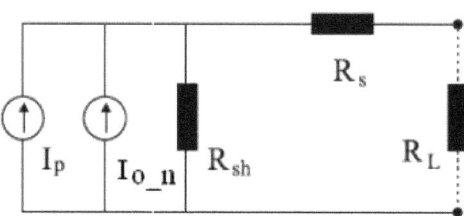

Figura 2.13 – Circuito equivalente de uma célula fotovoltaica (Fonte: LIMA MONTEIRO, 2002)

Todas as resistências que aparecem no circuito elétrico da célula podem influenciar o formato da curva IxV e o desempenho equivalente da célula. A resistência elétrica em paralelo se relaciona com a qualidade da retificação. Uma retificação de baixa qualidade acarreta numa baixa resistência paralela. Essa consequência não é desejada (NELSON, 2003).

A qualidade do contato elétrico e a densidade de corrente são relacionadas a resistência em série no modelo da célula fotovoltaica. Um contato elétrico de má qualidade provoca uma alta resistência naquele ponto, também chamado de 'ponto-quente'. Esta má qualidade relaciona-se à formação do contato elétrico, à aderência do contato ao semicondutor e às agulhas, como os resultantes do uso do alumínio não saturado. Caso a densidade de corrente passando por esta resistência seja alta, ocorrerá uma alta queda de tensão acentuada e prejudicará a carga em termos de alimentação.

2.6 – EQUIPAMENTOS COMPLEMENTARES

Para efetivação do sistema fotovoltaico, faz-se necessário o uso de equipamentos complementares para o seu bom funcionamento. Ou seja, todo sistema fotovoltaico, Figura 2.14, deve contar com unidades de acondicionamento de potência para proporcionar o casamento das características específicas do gerador com os outros componentes do sistema, que são o Controlador de Carga e o Inversor CC/CA (ABINEE, 2014). Além de sistemas para armazenamento de energia.

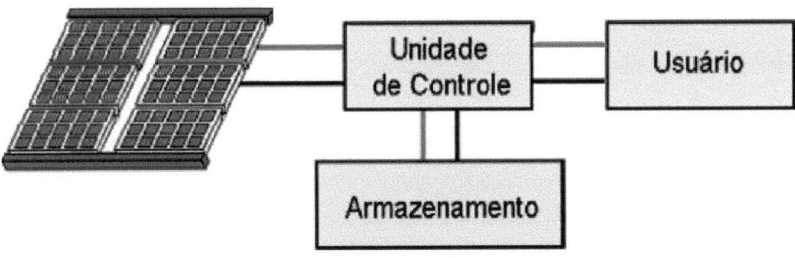

Figura 2.14 – Esquema Simplificado
(Fonte: CRESESB, 2008)

2.6.1 – Controlador de Carga

O controlador de carga, Figura 2.15, serve para realizar o gerenciamento de energia do sistema fotovoltaico, ou seja, decide quanto de energia sai ou entra na bateria.

Resumidamente, sua função é permitir que a bateria trabalhe dentro dos limites de segurança relacionadas com a sobrecarga e a profundidade de descarga das mesmas.

Figura 2.15 – Controlador de Carga
(Fonte: ABINEE, 2012)

2.6.2 – Inversor CA/CC

Serve para converter a corrente contínua em corrente alternada através da inversão da polaridade CC ao ritmo da frequência CA desejada (ABINEE, 2014).

A energia elétrica tem basicamente duas formas: CA (Corrente Alternada) e CC (Corrente Contínua). A Corrente Contínua (CC) flui constantemente em uma direção, sem alterações ou flutuações. A Corrente Alternada (CA) flui nos dois sentidos se alternando entre o positivo e o negativo milhares de vezes por segundo.

A energia elétrica usada em nossas casas é CA (Corrente Alternada). A tensão é uma medida da "pressão do circuito". Refere-se à "força" que a eletricidade "faz" para passar por um circuito. A tensão ajuda a determinar a amperagem - a quantidade de energia elétrica que flui através do circuito a cada segundo. Quanto maior a tensão, mais "força" a eletricidade exerce sobre um circuito e passa mais eletricidade através dele. A corrente alternada (CA) também tem outra característica que pode ser medida: a frequência - quão rapidamente ela muda de direção. A maioria das redes elétricas de CA é de 60 hertz, o que significa que ela tem 60 ciclos (negativo - positivo - negativo) por segundo (DÍAZ RODRÍGUEZ, 2012).

No mercado existem de várias potências e sistemas de controle. A forma de onda ideal é a senoidal pura, Figura 2.16.

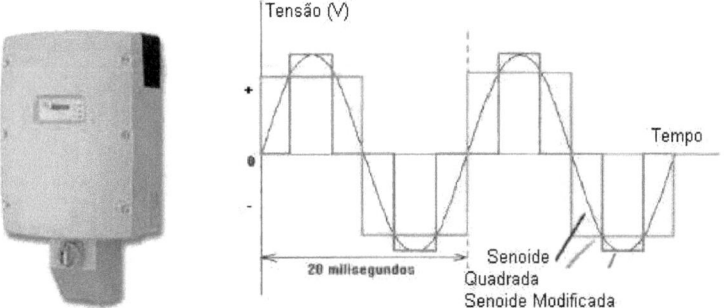

Figura 2.16 – Inversor e Senóide CA
(Fonte: ABINEE, 2012)

2.6.3 – Sistemas de Armazenamento de Energia

O correto abastecimento energético de uma aplicação fotovoltaica exige poder armazenar energia quando a produção seja maior à demanda, para ser utilizada na situação contrária. O elemento que se encarrega de realizar essa função é o acumulador.

A experiência mostra que raramente o gerador fotovoltaico, ou seja, a parte solar, causa problemas. São as outras partes do sistema, incluindo as baterias, os principais causadores de falhas e problemas. Assim, a tecnologia fotovoltaica utiliza um sistema de armazenamento de energia que não oferece grande confiabilidade e de pouca durabilidade.

O tempo de vida de um gerador fotovoltaico está em volta dos 25 anos e uma bateria de chumbo-ácido 3 ou 4 anos (HU, 2012).

Para o armazenamento da energia a tecnologia fotovoltaica utiliza a acumulação eletrolítica, ou seja, as baterias recarregáveis. O leque de acumuladores eletrolíticos é amplo: baterias Ni-Fe, Ni-Zn, Zn-Cl, Redox, etc.

Dentro desse conjunto de possibilidades nos sistemas fotovoltaicos se empregam as baterias recarregáveis de Chumbo-Ácido (Figura 2.17) e as Níquel-Cádmio (Figura 2.18). O preço das baterias de Ni-Cd, para a mesma quantidade de energia, é de quatro a cinco vezes superior às de Chumbo-Ácido, por tal motivo seu uso se restringe a alguns casos específicos.

Figura 2.17 – Baterias de Chumbo-Ácido
(Fonte: ABINEE, 2012)

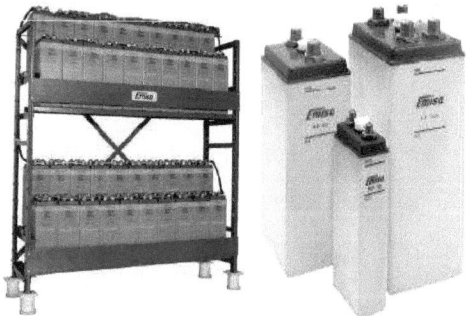

Figura 2.18 –Baterias de Níquel-Cádmio
(Fonte: ABINEE, 2012)

2.7 – APLICAÇÃO E FORMAS DE APROVEITAMENTO DA ENERGIA SOLAR

A radiação solar pode ser utilizada para as mais diversas aplicações, seja diretamente como fonte de energia térmica, para aquecimento de fluidos e ambientes e para geração de potência mecânica e/ou elétrica. Pode ainda ser convertida diretamente em energia elétrica, entre os quais se destacam o termoelétrico e o fot ovoltaico.

Um sistema Fotovoltaico é um conjunto de equipamentos capazes de abastecer uma determinada carga elétrica usando a radiação solar como insumo energético primário.

A energia solar fotovoltaica pode ser aplicada em diversos campos e especialidades, podendo ser conectada diretamente a rede elétrica da concessionária, complementando e alterando a fonte de energia por meio de alternância de fontes ou paralelismo ou conectada especificamente a uma determinada carga (DÍAZ RODRÍGUEZ, 2012).

A Figura 2.19 a seguir mostra as duas formas de aproveitamento da energia solar, sendo elas passiva e ativa.

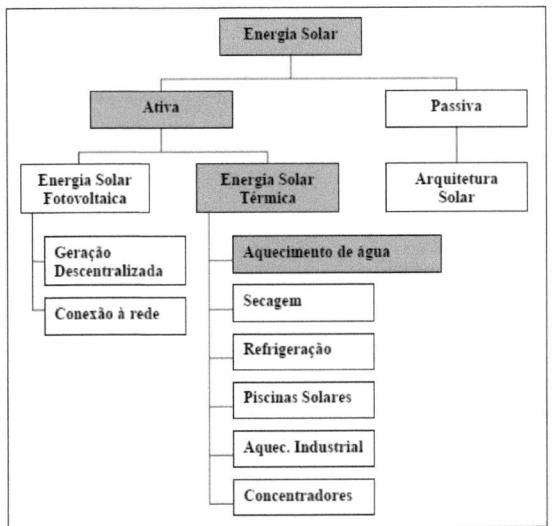

Figura 2.19 – Aplicação Ativa e Passiva da Energia Solar (Fonte: PEREIRA, 2003)

O aproveitamento da iluminação natural e do calor para aquecimento de ambientes, denominado aquecimento solar passivo, decorre da penetração ou absorção da radiação solar nas edificações, reduzindo-se com isso, as necessidades de iluminação e aquecimento.

Dessa forma, um melhor aproveitamento da radiação solar pode ser feito com o auxílio de instrumentos mais sofisticados de arquitetura e construção. Assim, a partir de alguns princípios básicos, um edifício pode tirar vantagens da variação diária e sazonal da passagem do sol pelo céu. No hemisfério Sul, as janelas voltadas para o Norte, o isolamento adequado e o uso de materiais pesados como o concreto podem ajudar a captar o sol do inverno para aquecimento. Os mesmos prédios podem ser resfriados em meses quentes através da plantação de árvores e de telhados que façam sombras nas janelas. Estas simples ações podem reduzir os custos de aquecimento em 40% ou mais (UNEP, 2003).

Na parte de aquecimento, o aproveitamento térmico para fluidos é feito com o uso de coletores ou concentradores solares. Os coletores solares são mais usados em aplicações residenciais e comerciais (hotéis, restaurantes, clubes, hospitais etc.) para o aquecimento de água (higiene pessoal e lavagem de utensílios e ambientes). Os concentradores solares destinam-se a aplicações que requerem temperaturas mais elevadas, como a secagem de grãos e a produção de vapor. Para os concentradores, pode-se gerar energia mecânica com o auxílio de uma turbina a vapor, e, posteriormente, eletricidade, por meio de um gerador (geração heliotérmica). Dessa forma, aproveita-se de maneira plena a fonte de energia solar.

Os coletores solares cilindro-parabólicos, de torres centrais e os discos parabólicos são utilizados na geração heliotérmica.

Nestas tecnologias há um envolvimento de um intermediário térmico, e por isso, podem ser usados combinados com combustíveis fósseis e, em alguns casos, adaptados para armazenar calor.

A hibridização e o aproveitamento térmico fazem com que a disponibilidade da planta aumente, possibilitando sua operação durante os períodos em que a energia solar não está disponível, além de melhorar a viabilidade econômica de um projeto como este.

Dentre as diversas aplicações desta tecnologia são a geração centralizada em larga escala, conectada à rede elétrica; geração descentralizada em média escala conectada a pequenas redes de transmissão; aplicações remotas para fornecer calor e eletricidade para pequenas regiões; e, aplicações industriais, para setores como alimentício, têxtil e químico, fornecendo energia limpa, sob a forma de vapor, calor ou eletricidade para substituir em parte ou totalmente os combustíveis fósseis consumidos atualmente.

De forma geral, os sistemas de concentração de energia solar usam o calor dos raios do sol para gerar eletricidade. Superfícies refletivas concentram os raios solares até 10.000 vezes para aquecer um receptor contendo um fluido trocador de calor.

O fluido aquecido passa por diversos trocadores de calor, gerando vapor superaquecido, que será então usado para gerar eletricidade em uma turbina ou em outra máquina térmica, como o motor Stirling (usado com discos parabólicos).

A Figura 2.20 a seguir mostra os principais tipos de concentradores solares.

Figura 2.20 – Concentradores solares para geração heliotérmica (Fonte: SUNLAB, 1998)

Os coletores solares planos fechados são utilizados para aquecer a água até uma temperatura de 60°C e proporcionar o condicionamento ambiental a partir da energia solar.

Esta tecnologia já é dominada nacionalmente e encontra aplicação em residências, edifícios, hotéis, motéis, indústrias e hospitais.

Um coletor solar plano fechado é constituído por uma caixa externa, isolamento térmico, tubos para escoamento do fluido no interior do coletor, placa absorvedora pintada de preto fosco para melhor absorção da energia solar, cobertura transparente e um sistema de vedação (PEREIRA, 2003).

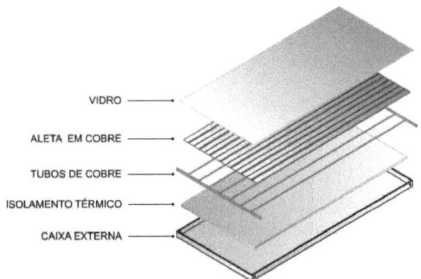

Figura 2.21 – Coletor Solar Plano Fechado (Fonte: HELIOTEK, 2014)

Os coletores solares planos abertos são utilizados para aquecimento de piscinas e operam a baixa temperatura, entre 28 e 30ºC. Estes não possuem cobertura transparente, nem isolamento térmico. O corpo externo é feito na maioria das vezes de materiais termoplásticos, polipropileno, EPDM ou borrachas especiais (PEREIRA, 2003).

Figura 2.22 – Coletor Solar Plano Aberto (Fonte: HELIOTEK, 2014)

Os coletores solares de tubos a vácuo utilizam vácuo em seu interior (da ordem de 10-4 mmHg) para diminuírem ainda mais as perdas térmicas e, consequentemente, aumentar a temperatura final da água.

São compostos por uma série de tubos, cada um com um absorvedor, o que faz com que os raios solares incidam perpendicularmente em suas superfícies durante quase todo o dia, permitido uma eficiência superior a dos coletores planos. São usados para gerar energia térmica para aquecimento de água, refrigeração solar e pré-aquecimento industrial.

Figura 2.23 – Coletor Solar de Tubos a Vácuo (Fonte: ENVIRO, 2005)

A água aquecida através da energia solar também pode ser utilizada para aquecer ambientes. Nestes sistemas, a água aquecida pela energia solar é circulada através do prédio via radiadores ou através de coletores especiais, embutidos em blocos de cimento.

Os painéis fotovoltaicos utilizam o princípio fotoelétrico para gerar a energia elétrica. Suas principais aplicações são: o bombeamento de água para a irrigação, a eletrificação de cercas para a criação de animais, a eletrificação rural, a refrigeração de medicamentos e vacinas em postos de saúde em áreas remotas, iluminação pública, estações repetidoras de telecomunicações, sinalizações, telefones de socorro rodoviário, estações de monitoramento ambiental, entre outras.

Quando a energia solar fotovoltaica é aplicada diretamente a uma carga ou equipamento, esta pode dividir-se em basicamente três grupos específicos, mas não se limitando a estes. No primeiro grupo temos aplicações em equipamentos como calculadoras e demais equipamentos eletrônicos, televisores, rádios, ferramentas elétricas e telefones celulares. Assim como equipamentos externos, placas luminosas, outdoors, sistemas de iluminação, ventilação de veículos, entre outras aplicações (DÍAZ RODRÍGUEZ, 2012).

No segundo grupo temos as aplicações industriais, como sistemas de telecomunicações e antenas, sinais de trânsito, displays eletrônicos, luz de navegação, sistemas de proteção elétricos, monitoramentos remoto, sistemas de aviação e automobilismos e demais segmentos associados.

No terceiro grupo verificamos aplicações diversas na área de habitações em áreas remotas e distantes, como lanternas elétricas, sistemas de iluminação residencial, sistema de iluminação pública, carregamento de baterias diversas, sistemas de purificação de água e irrigação (BASSO, 2010).

Outras aplicações da energia solar fotovoltaica são voltadas a sistemas que necessitam de um funcionamento contínuo e intermitente de energia elétrica, ou seja, aqueles que não podem parar, como sistemas de sons de alarme, câmeras de segurança, sistemas integrados de comunicação, entre outros.

Observamos assim diferentes maneiras de ligações e aplicações da energia solar fotovoltaica, mostrando-se viável nos mais diversos segmentos.

Acredita-se que até 2013 a produção de energia solar fotovoltaica chegue a casa de 300 GW/ano, a partir de um crescimento anual de 25%. Atualmente a produção mundial gira em torno de 6,5 GW/ano (HOFFMANN, 2005).

Observe a tabela a seguir.

Tabela 2.1 – Aplicações Diversas de Sistemas Solares (Fonte: o Autor, 2013)

Sistema Não conectado à Rede	**Aplicação para o Consumidor**	**Interno**	Calculadoras
			Balanços Energéticos
			Relógios
			Ferramentas Elétricas
			Telefones Móveis
		Externo	Carregar Dispositivos
			Fontes
			Tochas Luminosas
			Luzes do Jardim
			Números de Casa
			Ventilação de Veículos
			Barcos
	Aplicação Industrial		Telecomunicações
			Sinais de Trânsito
			Sistema de Navegação Inteligente
			Displays
			Luzes de Navegação
			Proteção Catódica
			Monitoramento Remoto
			Refrigeração de Vacinas
	Habitações em Áreas Remotas		Lanternas Elétricas
			Sistema de Iluminação Residencial
			Alimentação Elétrica de Vilas e Comunidades
			Carregamento de Baterias
			Purificação de Água
			Irrigação
			Escolas
Sistema Conectado à Rede	**Descentralizado**		Telhados Privados e Particulares
			Escolas e Universidades
			Fachadas Integradas a Sistemas Solares
	Centralizado		Sistemas de Utilidades e Energia
			Propriedades Conjuntas
			Redes Paralelas

CAPÍTULO 03

3 – APLICAÇÃO PRÁTICA EM TRECHOS FERROVIÁRIOS

3.1 – INFORMAÇÕES GERAIS

Nos últimos anos no Brasil, um grande salto de desenvolvimento vem ocorrendo no campo ferroviário, seja voltado para o transporte de pessoas, equipamentos e/ou insumos. Sua parcela na economia do país tem importância fundamental, já que suas facilidades logísticas colaboram para o aumento do PIB e das taxas de exportação para o mercado internacional, promovendo, além disso tudo, uma maior integração regional no país, facilitando a globalização de produtos das mais diversas origens (IPEA, 2014). Nesse contexto, o transporte ferroviário de cargas e passageiros ganha destaque como um mecanismo indutor de crescimento e desenvolvimento econômico.

Uma das principais mudanças ocorridas no Brasil foi a reativação do sistema ferroviário para atender, principalmente, ao escoamento da produção de produtos agrícolas, combustíveis e minérios. O sistema ferroviário no Brasil está recebendo novamente as atenções dos governos e das empresas nacionais e internacionais, a infraestrutura ferroviária atual está sendo modernizada, outras estão sendo construídas e normas e leis estão sendo instituídas (IPEA, 2014).

Para fins de logística, de modo geral, a ferrovia se inicia em grandes polos produtores, variando o tipo de insumo (Minérios, Grãos, Combustíveis, etc.) e desembocam em alguma área portuária (PEREIRA, 2008). Do polo produtor ao porto, grandes trechos ferroviários são construídos para atendimento de tal demanda, onde nos bastidores um aparato de tecnologia, controle e operação decidem as ações corretas e definem o sucesso desse tipo de transporte (CAMPOS, 2010).

Em muitos casos, tais trechos ferroviários adentram regiões inóspitas, com dificuldades de acesso e distantes de grandes centros. Assim como rio, o qual atrai pessoas a habitarem às suas margens, de maneira similar ocorre com a ferrovia. Muitas comunidades e povoados são formados às suas margens, sendo atraídas pela 'novidade' e/ou pela possibilidade de locomoção clandestina a outras regiões.

Tais comunidades e povoados formam-se nos dois lados da linha férrea, acarretando maior trânsito de pedestres por sobre a ferrovia que necessitam deslocar-se de um lado a outro.

Esse trânsito de pessoas, por muitas vezes, acaba por facilitar a ocorrência de acidentes, em sua maioria fatais.

No local de estudo, por meio de informações propagadas pela comunidade circunvizinha, tem-se o histórico de 2 vítimas fatais por ano, fruto da imprudência, da falta de conhecimento, percepção de risco, acesso e passagem desnivelados e demais agentes físicos importantes.

Boa parte das comunidades que fazem moradias às margens da ferrovia possui antecedente e origens históricas com grande importância ao país, como os Quilombolas e índios. Tais comunidades possuem legislação específica para atendimento às suas condições sendo que, na maioria das vezes, são divergentes e desconhecidas por boa parte da população.

Figura 3.1 – Comunidade transitando às margens da ferrovia
(Fonte: o Autor, 2013)

A grande maioria dessas comunidades não possui condições mínimas de vivência, faltando diversos direitos, como direito a saúde, educação, água potável e energia elétrica. Um novo paradigma vem sido desenvolvido com o intuito de ampliar a importância da

51

sustentabilidade e o autodesenvolvimento de cidades e povoados. Conceito esse intimamente ligado a sustentabilidade e energias renováveis (DE OLIVEIRA INÁCIO, 2013).

A falta deste último item, atrelado ao fato de haver trânsito de pedestres por sobre a linha férrea em determinadas regiões, corroboram para a ocorrência de acidentes pessoais com alto nível de gravidade.

3.2 – CONTEXTO HISTÓRICO E ESTUDO DE VIABILIDADE

Diante dessa problemática, tendo em vista que grande parte dos trechos ferroviários são distantes e muitas vezes localizados em áreas remotas, foi estudada a possibilidade de iluminar os locais de acesso e trânsito de pessoas sobre a ferrovia, de forma a minimizar os riscos e impactos.

Para tratativa dessa questão, algumas alternativas foram estudadas por engenheiros de forma a promover a solução mais viável em termos de funcionalidade, custo de implantação, custo de manutenção, segurança à comunidade e aspectos ambientais, de maneira a prover iluminação na região de passagens de pedestres, também conhecidas como PN's (Passagem de Nível) ferroviárias (IPEA, 2014).

Soluções como a implantação de rede elétrica derivadas da Concessionária Local, instalação de GMG's (Grupo Motor-Gerador), Energia Eólica e Energia Solar foram minuciosamente estudadas, através de Estudos de Viabilidade (EV), servindo como base a tomada de decisão (DA CRUZ, 2013).

Em uma primeira e superficial análise, o método convencional de distribuição de energia elétrica oriunda de uma conexão mais próxima da concessionária é a mais viável, já que o custo da energia elétrica é pequeno e a necessidade de manutenção é mínima e esporádica (DÍAZ RODRÍGUEZ, 2012). Porém outros fatores devem ser analisados quando da busca de um sistema com maiores níveis de viabilidade.

A primeira alternativa tornou-se inviável devido às áreas serem remotas e com distanciamento elevado de linhas elétricas existentes da concessionária, exigindo estudo de solo e topografia dos locais a serem construídas as redes, sendo necessária licença ambiental e aquisição dos terrenos para construção, grande esforço logístico para execução de tal rede, provocado pela distância aos grandes centros e o consequente valor final do empreendimento, valor este bem superior ao planejado no CapEx do projeto (FOURNIER, 2014). Essas áreas remotas e rurais cada vez mais necessitam de uma atenção dos órgãos públicos que estimulem o desenvolvimento local e autonomia no suprimento de energia (FRANÇOISE CARDOSO, 2013).

CapEx do projeto é uma sigla inglesa oriunda de Capital Expenditure (em português, investimento em bens de capital) e que designa o montante de dinheiro despendido na aquisição (ou introdução de melhorias) de bens de capital em uma determinada empresa. Dessa forma, CapEx é o montante de dinheiro aplicado em equipamentos, instalações e projetos de forma a manter o produto, negócio ou sistema em funcionamento (VALE, 2014).

O ponto da concessionária mais próximo fica a 32 km de distância da ferrovia, além da necessidade de distribuir a energia elétrica ao longo do trecho ferroviário, cerca de 12,8 km de uma PN a outra dentro do trecho ferroviário. Para essa alternativa, havia a necessidade de aquisição de terrenos, supressão vegetal em determinados trechos, a obtenção de licenças ambientais, além do enorme custo de implantação.

A segunda alternativa não demonstrou viabilidade devido o elevado custo de operação e manutenção dos GMG's, sendo ampliados pela distância onde os mesmos seriam instalados, havendo então a necessidade de equipe dedicada de manutenção e abastecimento para garantia plena de suas funcionalidades.

A utilização de GMG's é justificada principalmente para trabalhos pesados e que a carga demandada seja relativamente alta. Esses equipamentos geram um nível de tensão trifásico, nível este não requerido para sistemas de iluminação (CUMMINS, 2014).

Como o atual sistema de tarifas muitos produtores e governos fazem o uso de GMG's para atendimento no horário onde a tarifa é mais elevada (horário de ponta), compensando a elevação (REIS, 2013). Porém essa compensação é mais voltada, como já dito acima, para cargas trifásicas e com potências mais elevadas.

Ao todo seriam 04 geradores, um para cada PN, de forma a atender os dois postes de iluminação existentes em cada uma delas. A dificuldade de logística para abastecimento devido tratar-se de áreas remotas, o custo fixo de combustível, a emissão de poluentes, a necessidade de mão de obra no local para operação dos equipamentos e a vulnerabilidade do sistema foram alguns dos fatores que inviabilizaram tal solução (CUMMINS, 2014).

Na análise da terceira alternativa, Energia Eólica, verificou-se que o principal fator de decisão foi a inexistência de ventos constantes e suficientes para garantir a rotação dos aerogeradores, tornando o sistema automaticamente inviável. Além disso, fatores como manutenção especializada e dedicada e os valores de peças e componentes contribuíram para a rejeição da alternativa.

Como o comportamento do vento muda ao longo do tempo, seria necessário a utilização de um sistema de armazenamento de energia que garantisse o fornecimento adequado à demanda (SIMAS, 2013), sendo necessário um incremento no CapEx para atender o armazenamento da energia gerada por meio de baterias.

Para os sistemas eólicos, a velocidade de rotação ótima do rotor varia com a velocidade do vento. Um sistema eólico tem o seu rendimento máximo a uma dada velocidade do vento (chamada de velocidade de projeto ou velocidade nominal) e diminui para velocidades diferentes desta (SIMAS, 2013).

Em contrapartida, a Energia Solar vem sido estudada há algum tempo e se mostra com grande potencial para determinadas aplicações. Como, por exemplo, a aplicação em pequena escala em áreas remotas, o que já pode ser visto em muitas áreas do Brasil (DÍAZ RODRÍGUEZ, 2012).

No estudo de aplicação da energia solar como fonte de geração para o sistema de iluminação, vários fatores foram considerados. A vida útil das placas solares foi um dos fatores decisivos para a decisão de aplicação, algo em torno de 25 anos. Além disso, a região de aplicação possui elevado fator de irradiação na maior parte do ano, viabilizando o projeto e minimizando custos de armazenamento de energia. As regiões de aplicação, às margens da ferrovia, são regiões onde a incidência solar desde o início da manhã até o fim da tarde é constante e livre de interferências, como vegetações com altura superior à aplicação das placas solares, fator esse que aumenta a eficiência do sistema. A Tabela 3.1 a seguir sumariza o comparativo entre as alternativas.

Tabela 3.1 – Comparativo do Estudo de Viabilidade (Fonte: o Autor, 2008)

Alternativa	Prazo de Instalação (meses)	Custo Total (R$)	Custo de Manutenção (R$/Ano)	Observações
1. Construção de rede elétrica a partir da concessionária local mais próxima	12	R$ 7.200.000,00	R$ 170.000,00	- Enorme distância do ponto de interligação à concessionária; - Dificuldades de mão-de-obra, logística e valor empregado; - Necessidade de licenças especiais.
2. Instalação de GMG's (Grupo Motor-Gerador)	1	R$ 240.000,00	R$ 1.380.000,00	- Dificuldades na logística de abastecimento e operação (04 GMGs); - Emissão de poluentes; - Alto custo de manutenção; - Vulnerabilidade do sistema.
3. Instalação de Aerogeradores (Energia Eólica)	6	R$ 8.300.000,00	R$ 240.000,00	- Inexistência de correntes contínuas de vento; - Elevado custo de operação e manutenção (04 Aerogeradores); - Vulnerabilidade do sistema.
4. Instalação de Placas Solares (Energia Solar)	0,50	R$ 66.400,00	R$ 6.000,00	- Longa vida útil das placas (~25 anos); - Elevado fator de radiação na região, algo em torno de 5,12 kWh/m².dia; - Baixo custo e necessidade de manutenção; - Banco de baterias e lâmpadas LED com até 10 anos de vida útil.

Além disso, como se trata de áreas remotas e distantes de grandes centros, a aplicação de placas solares tornou-se viável tendo em vista a não necessidade de construção de grandes linhas elétricas para atendimento a iluminação apenas desses trechos.

Em regime de carga e descarga diária, o único fator que exigiria uma atenção especial seria a vida-útil das baterias, a qual, em tese, giraria em torno de 3-4 anos, cabendo então a substituição desse componente fundamental ao sistema. Porém, na etapa de estudos quanto aos dados dimensionais, verificou-se no mercado um banco de baterias com tecnologia especial, chamada de *spiral cell*, com ciclo profundo de carga e descarga, que possui autonomia de até 10 anos, garantindo assim uma maior confiabilidade ao sistema.

55

A aplicação dos postes de iluminação via placa solar foi projetada de forma a iluminar os trechos ferroviários em que possuem as Passagens de Nível (PN's). Passagens de Nível são trechos sinalizados em que existe a permissão para passagem de pessoas e veículos por sobre a linha férrea, ou seja, são cruzamentos onde passam pessoas, veículos de passeio e a locomotiva.

Nesses locais existem placas de sinalização que indicam CRUZAMENTO VIA FÉRREA e as indicações 'PARE, OLHE, ESCUTE', que são alertas que devem ser atendidos antes do cruzamento por sobre a ferrovia. Veja a seguir, Figura 3.2, um exemplo.

Figura 3.2 – Passagem de Nível sinalizada
(Fonte: o Autor, 2013)

No trecho ferroviário em questão existem 4 PN's distribuídas ao longo de 16 km de ferrovia. Em cada PN foi projetada a colocação de 02 kits de iluminação, em ambos os lados, totalizando 8 kits de iluminação ao todo. O trecho ferroviário em questão foi escolhido devido a pequena distância relativa da cidade mais próxima, facilitando a logística do empreendimento. Cabe ressaltar ainda que a ferrovia continua em ambas as extremidades até seus locais de término e início.

Veja a seguir, Figura 3.3, um esquemático com a localização das PN's, as distâncias entre cada uma delas e a localização das placas solares. Os quilômetros indicados na figura não têm nenhuma relação com rodovias estaduais ou federais, são apenas referências para localização e distanciamentos.

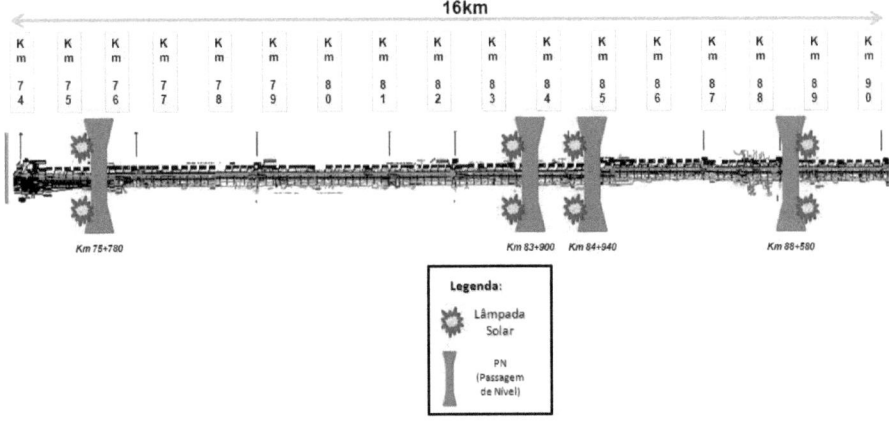

Figura 3.3 – Esquemático do Trecho Ferroviário com Iluminação Solar
(Fonte: o Autor, 2013)

3.3 – DADOS DIMENSIONAIS E APLICAÇÃO FERROVIÁRIA

Para viabilizar o processo, foi elaborada uma Requisição Técnica (RT) do kit de iluminação solar para as passagens de nível (PN's) a ser aplicado em trechos ferroviários contendo as principais informações técnicas, de forma a ser emitida ao mercado , em nível de concorrência, e a empresa com melhores condições técnicas e comerciais pudesse ser a vencedora, atuando como fornecedora e instaladora do sistema.

A RT conteve as principais informações do estudo de viabilidade, de forma a balizar as empresas com as necessidades exigidas pelo cliente, de acordo com a melhor forma de construção (RT, 2013).

Cabe ressaltar que a RT citada, acima e nas referências, é um documento interno e confidencial a empresa que instalou o sistema fotovoltaico.

Os principais itens considerados foram:

- Escopo de Trabalho;
- Escopo de Fornecimento;
- Caldeiraria e Estrutura Metálica;
- Projeto Elétrico;
- Automação Industrial;
- Serviços;
- Fornecimento de Sobressalentes;
- Folhas de Dados;
- Desenhos de Referência;
- Critérios de Medição;
- Garantias e Penalidades;
- Plano de Qualidade. Entre outros.

No estudo de viabilidade, de acordo com as características específicas da região e do cenário da localidade, foram dimensionados e considerados em projeto os componentes abaixo listados. Vale ressaltar que esses componentes foram projetados de acordo com as características do local e necessidades internas, não devendo ser utilizados ou duplicados para outras aplicações sem estudo prévio de aplicabilidade (KFOURY, 2013).

1. Módulo Fotovoltaico (Painel Solar) com potência de 175Wp / 24V. Silício Multicristalino, com proteção frontal de vidro, resistente a chuva, impacto, granizo e neve;
2. Luminária especial para ambiente externo, montada com LEDs que garanta um iluminamento médio acima de 10 lux nos bordos de uma área de cobertura de formato retangular de no mínimo 30x6 metros e de 37 lux no centro, sendo instalada em uma altura de 9m, com poste circular de aço galvanizado a fogo, obedecendo as NBR 5101: 2012, que defende uma taxa de iluminação de pelo menos 5 lux para passagem de pedestres (ABNT, 2012);

3. Baterias Chumbo-Ácida, com tecnologia *spiral cell* (ciclo profundo de carga e descarga) e rendimento de até 90%, incorrendo em uma vida útil de até 10 anos. Tensão de 24V que garanta uma autonomia de 5 dias, sendo 2 baterias de 115Ah cada;

4. Controlador de carga com potência de 175Wp;

5. Braço da luminária galvanizado com suporte de fixação e alcance de no mínimo 2,5 metros perpendicular ao poste;

6. Suporte articulado galvanizado para fixação do painel solar ao poste;

7. Gabinete em aço, IP-66, com fechamento em 3 pontos, a prova de vandalismo, pintura e acabamento com pintura eletrostática a pó, para acondicionamento do controlador de carga e bateria com borneira;

8. Poste reto telecônico metálico galvanizado, com altura externa de 9m, confeccionado em aço SAE 1010/1020 com a superfície interna e externa zincadas por imersão a quente conforme NBR 6323 (a camada de zinco deve possuir espessura mínima de 70 microns) que suporte um esforço mínimo de 200daN (daN – decaNewton; unidade de força) a 200mm do topo, diâmetro superior de 60,5 mm, para utilização em iluminação pública, com tampa superior soldada na última seção do poste, superfície interna e externa completamente lisas e uniformes;

9. Lâmpada em LED, com até 90% de rendimento e vida útil de 50.000 horas, cerca de 10 anos. Sendo lâmpadas divididas em quatro blocos internos individuais e com emissão imediata de luz na presença de tensão elétrica.

Observe que, como todo o sistema foi projetado para uma tensão de 24V, ao invés de 110/220V, não se faz necessário a utilização de Inversores. A Figura 3.4 representa uma das placas solares instaladas.

Figura 3.4 – Placa Solar instalada
(Fonte: o Autor, 2013)

3.4 – RESULTADOS PRÁTICOS OBTIDOS

Diante da contratação dos materiais e dos serviços de instalação, o kit de iluminação solar para as PN's foi aplicado e testado no mesmo dia. O tempo de aplicação de cada kit foi de aproximadamente 4 horas por kit. Para o trecho ferroviário estudado foram adquiridos 8 kits, sendo plenamente instalados em quatro dias, com um dia adicional para ajustes e operação assistida, totalizando cinco dias.

Dessa forma, a obra conseguiu atender às expectativas da equipe de projeto envolvida, mostrando-se satisfatória. Como resultado, podemos verificar abaixo algumas fotos, Figura 3.5, 3.6, 3.7 e 3.8, dos kits de painéis solares instalados e em funcionamento.

Figura 3.5 – Kit Solar em Instalação – Postes
(Fonte: o Autor, 2013)

Figura 3.6 – Kit após Montagem dos Painéis Solares
(Fonte: o Autor, 2013)

60

Figura 3.7 – Sistema Duplo de Iluminação Instalado
(Fonte: o Autor, 2013)

Figura 3.8 – Sistema Simples de Iluminação Instalado
(Fonte: o Autor, 2013)

Durante a noite o sistema presta-se muito bem a seu objetivo, mudando o cenário de escuridão antes existente, iluminando satisfatoriamente as PN's e as áreas ao seu redor, de acordo com as taxas de luminosidade projetadas.

A seguir, as Figuras 3.9 e 3.10 ilustram o sistema em funcionamento durante a noite.

Figura 3.9 – Sistema Duplo em Funcionamento – Noturno
(Fonte: o Autor, 2013)

Figura 3.10 – Sistema Duplo em Acionamento
(Fonte: o Autor, 2013)

Ações como essa, também chamadas de Gestão pela Responsabilidade Social, já são encaradas, no meio empresarial, como um diferencial competitivo importantíssimo, que pode influenciar diretamente os negócios das empresas e sua imagem perante a sociedade (MOTA, 2006).

CAPÍTULO 04

4 – CONCLUSÕES

A energia solar é uma das alternativas que vem sido desenvolvida já há algum tempo e que se mostra com grande potencial para determinadas aplicações. Pelo que foi exposto no desenvolvimento do trabalho, verificamos que a energia solar presta-se bem a produção em pequena escala em áreas remotas, o que já pode ser visto em muitas áreas do Brasil.

Este trabalho procurou analisar o princípio de funcionamento dos sistemas solares, as características do sol e como medir seus fatores, o efeito fotovoltaico na geração de energia elétrica, algumas aplicações gerais e a aplicação específica desse trabalho, chegando então às seguintes conclusões:

- Antes do estudo e da apresentação direta da aplicação solar em trechos ferroviários é preciso adquirir um conhecimento prévio das partes constituintes do sistema de iluminação solar, conhecendo os componentes e a função de cada um destes, pois desta forma consegue-se prever possíveis comportamentos, pois sabe-se o papel de cada um no todo;
- O sistema de iluminação solar presta-se muito bem a regiões distantes e áreas remotas, onde a aplicação de outra fonte de energia torna-se inviável financeiramente, pois engloba maiores custos logísticos e de materiais;
- Dependendo para que se destina a aplicação solar, faz-se necessário um estudo técnico de viabilidade de forma a traçar a melhor solução e projetar os melhores componentes, visando fatores técnicos, econômicos e sociais.

O foco do trabalho foi o embasamento teórico envolvendo a energia solar fotovoltaica e aplicação da mesma em trechos ferroviários para fins de iluminação. Em muitos desses trechos, a comunidade ao redor nunca tinha visualizado qualquer forma de energia desenvolvida pelo homem e, muito menos, a energia elétrica oriunda do sol.

Para as comunidades circunvizinhas o trabalho foi extremamente positivo. Este atendeu às expectativas dos projetistas, da empresa proprietária da linha ferroviária e principalmente das comunidades. Muitos nunca tinham ouvido falar em energia elétrica e muito menos visualizado essa forma de iluminação e nessas proporções, antes só presenciadas através de velas, lamparinas e fogueiras.

Assim, a busca por parcerias entre os vários setores da sociedade, unindo organizações privadas, públicas e as comunidades adjacentes, pode significar o melhor caminho para projetos sociais sustentáveis. Isso justifica-se, posto que essa atuação é estrategicamente importante para as empresas e não menos necessárias às comunidades. Além disso, a gestão pela responsabilidade social já é encarada, no meio empresarial, como um diferencial competitivo importantíssimo, que pode influenciar diretamente os negócios das empresas, fortalecendo seu conceito e sua imagem perante os consumidores e os demais stakeholders, ou seja, pessoas ou organizações diretamente e indiretamente afetadas e envolvidas.

Após a instalação desse sistema, finalizada em 15/05/2013, até a data atual, não ocorreram casos de incidentes ou acidentes pessoais e/ou materiais nesta região. Verificou-se ainda que tal solução pode ser replicada em outras localidades com características semelhantes, cabendo apenas uma análise técnica prévia, de forma a comparar condições e cenários.

REFERÊNCIAS

ABINEE – Associação Brasileira da Indústria Elétrica e Eletrônica. **Propostas para Inserção da Energia Solar Fotovoltaica na Matriz Elétrica Brasileira**. Disponível em: <http://www.abinee.org.br/informac/arquivos/profotov.pdf>. Acesso em: 04 Jun. 2014.

ABNT (ASSOCIAÇÃO BRASILEIRA DE NORMAS TÉCNICAS). **NBR5101. Iluminação pública – Procedimento**. Abril 2012.

ADLER, Edward. **The photovoltaic effect**. The Journal of chemical physics – Vol.09, 1941.

ANEEL. **Atlas de Energia Elétrica do Brasil 2002**. Brasília, 153 p.

BASSO, Luiz H.; DE SOUZA, Samuel N. M.; SIQUEIRA, Jair A. C.; NOGUEIRA, Carlos E. C.; SANTOS, Reginaldo F.. **Análise de um Sistema de Aquecimento de Água para Residências Rurais Utilizando Energia Solar - A Water Heating System Analysis for Rural Residences, Using Solar Energy**. Engenharia Agrícola – Vol.30, 2010.

CAMPOS, Luciano Bandeira; CRUZ, Marta Monteiro da Costa; POMPERMAYER, Fabiano Mezadre. **Modelo Integrado de Apoio ao Planejamento da Rede de Serviços no Transporte Ferroviário de Cargas: Aplicação para Transporte de Minério de Ferro**. TRANSPORTES, v. XVIII, n. 2, p. 62-71, junho 2010.

CASSEL, Hans M. **The Photovoltaic Effect**. The Journal of Chemical Physics – Vol 9, 1941.

CHUERUBIM, Maria Lígia. **Análise da Variação da Radiação Solar na Superfície Terrestre com Base no Cálculo da Irradiância para Diferentes Latitudes**. Revista Geográfica Acadêmica - Vol.06, 2012.

CRESESB - Centro de Referência para Energia Solar e Eólica Sérgio Brito. **Tutorial de Energia Solar Fotovoltaica**. Disponível em: <http://www.cresesb.cepel.br/content.php?cid=291>. Acesso em: 04 Nov. 2014.

CUMMINS Power Generation. **Engenharia de Aplicações - Manual de aplicações para Grupos Geradores arrefecidos a água**. Disponível em: <http://www.cumminspower.com.br/pdf/engenharia/T030Portugu%C3%AAs.pdf>. Acesso em: 19 Abr. 2014.

DA CRUZ, Felipe. **O Impacto da (In)Satisfação das Necessidades de Informação na Tomada de Decisão Inerente ao Planejamento Estratégico de uma Organização Pública**. Brazilian Journal of Information Science – Vol.7 – 2013.

DA SILVA, Valdiney José; Da Silva, Cláudio Ricardo; Finzi, Rafael Resende; Dias, Nildo Da Silva. **Métodos para Estimar Radiação Solar na Região Noroeste de Minas Gerais - Methods for Estimating Solar Radiation in the Northwest Region of Minas Gerais**. Ciência Rural - Vol.42, 2012.

DE OLIVEIRA INÁCIO, Raoni; RODRIGUES, Maurinice Daniela; REIS XAVIER, Thiago; WITTMANN, Milton Luiz; NUNES MINUSSI, Tiéli. **Desenvolvimento Regional Sustentável Abordagens para um Novo Paradigma**. Desenvolvimento em Questão, vol. 11, núm. 24, septiembre-diciembre, pp. 6-40. Universidade Regional do Noroeste do Estado do Rio Grande do Sul, Ijuí, Brasil, 2013.

DÍAZ RODRÍGUEZ, Jorge; PABÓN FERNÁNDEZ, Luis ; Pardo García, Aldo. **Sistema Híbrido de Energía Utilizando Energía Solar y Red Eléctrica**. Lámpsakos, 2012.

ENVIRO-FRIENDLY. Disponível em <http://www.enviro-friendly.com/evacuated-tube-solar-hot-water.shtml>. Acesso em Fev. 2014.

ESCOBAR, Cynara; REIS, Jucele. **Intersolar e as Perspectivas da Energia Solar na América Latina e Europa**. Congresso Intersolar South America, EM, Novembro, 2013.

ESPOSITO, Alexandre Siciliano; FUCHS, Paulo Gustavo. **Desenvolvimento Tecnológico e Inserção da Energia Solar no Brasil**. Revista do BNDES 40, p. 87, 2013.

FOURNIER, A. C. P.; PENTEADO, C. L. C. **Eletrificação Rural: Um Desafio para Universalização da Energia**. Disponível em: <http://www.aneel.gov.br/biblioteca/downloads/livros/eletrificacao_rural_XII.pdf>. Acesso em: 04 Jun. 2014.

FRANÇOISE CARDOSO, Bárbara; ARRUDA DE OLIVEIRA, Thiago José; DA ROCHA SILVA, Mônica Aparecida. **Eletrificação Rural e Desenvolvimento Local. Uma Análise do Programa Luz para Todos**. Desenvolvimento em Questão, vol. 11, núm. 22, enero-abril, pp. 117-138. Universidade Regional do Noroeste do Estado do Rio Grande do Sul, Ijuí, Brasil, 2013.

GREEN, M.A. **Photovoltaics: Technology Overview**. Energy Policy. Elsevier Science, 2000.

HELIOTEK. Disponível em: <http://www.heliotek.com.br>. Acesso em Jun. 2014.

HOFFMANN, Winfried. **Pv Solar Electricity Industry: Market Growth and Perspective**. Solar Energy Materials & Solar. Elsevier Science, 2005.

HOWARD, Brenda. **Nuclear Reactions**. Nature, Oct 13 – Vol.437, 2005.

HU, Wenping; DONG, Huanli; HE, Liangfu; JIANG, Lang; TAN, Jiahui. **Photovoltaic Effect of Individual Polymer Nanotube**. Applied Physics Letters, 2012.

IGA, Atsushi; KANEKO, Tomoyuki; ISHIHARA, Yoshiyuki. **Evaluation Methodof Generated Energy of Photovoltaic Power System**. 3th World Conference on Photovoltaic Energy Conversion. Osaka – Japão, 2003.

IPEA - Instituto de Pesquisa Econômica Aplicada. **Transporte Ferroviário de Cargas no Brasil: Gargalos e Perspectivas para o Desenvolvimento Econômico e Regional**. Disponível em: <http://www.revistaferroviaria.com.br/upload/Estudo%20IPEA%20ferrovias.pdf>. Acesso em: 04 Jun. 2014.

KATIYAR, R. K.; A. Kumar; G. Morell; J. F. Scott; R. S. Katiyar. **Photovoltaic Effect in a Wide-Area Semiconductor-Ferroelectric Device**. Applied physics letters, 2011.

KFOURY, Adm. J. Maurício. **Custos e CapEx – Uma abordagem para Gestão de Projetos**. IETEC – Instituto de Educação Tecnológica, 2013.

LIMA MONTEIRO, D.W. **CMOS – based integrated wavefront sensor**, Technische Universiteit Delft, The Netherlands, 2002.

LIMA MONTEIRO, D.W. et al. **Y-NanoX-micro Technologies: nanometric optical control**. NANOTECH 2005, Estados Unidos, maio/2005.

MONTEIRO, João Manuel Brasileiro. **Aplicações de Energia Solar em Meio Urbano**. Repositório Aberto da Universidade do Porto, 2012.

MOTA, Eduardo Augusto Dreweck. **O Papel das Organizações no Desenvolvimento Sustentável: Um Olhar sobre a Perspectiva da Responsabilidade Social**. Mestrado em Organizações e Desenvolvimento – UniFAE em Santo André (SP), 2006.

Mundo Educação - Web Site, http://www.mundoeducacao.com/quimica/elemento-mais-abundante-na-terra.htm. Acesso em: 04 Jun. 2014.

NELSON, J. **The Physics of Solar Cells**, Imperial College Press, UK, 2003.

PEREIRA, E. M. D.; DUARTE, L. O. M.; PEREIRA, L. T.; FARIA, C. F. da C. Energia Solar Térmica. In: TOLMASQUIM, M. T. (org), 2003, **Fontes Renováveis de Energia no Brasil**. Ed. Interciência, Rio de Janeiro, 2003.

PEREIRA, Enicio Bueno; MARTINS, F.R.; ABREU, S. L.; RUTHER, R. **ATLAS BRASILEIRO DE ENERGIA SOLAR**. 48 p. São José dos Campos: INPE - ISBN 85-17-00030-7, 2006.

PEREIRA, Pedro Tiago Sousa. **Energia Solar Térmica: Perspectivas do Presente e do Futuro**. Repositório Aberto da Universidade do Porto, 2012.

PEREIRA, Vanessa Lopes Galdiano; ROCHA, Viviane Pereira De Souza; BONACIM, Carlos Alberto Grespan. **Corredor de Exportação Norte e a Viabilidade pela Logística de Transporte**. Nucleus – Vol.5, 2008.

RAZYKOV, T.M., FEREKIDES, C.S., MOREL, D., STEFANOKOS, E. , ULLAL, H.S., UPADHYAYA, H.M. **Solar Photovoltaic Electricity: Current Status and Future Prospects**. Solar Energy – Science Direct – Elsevier, 2010.

REIS, Elton F. dos; CUNHA, João P. B.; MATEUS, Diego L. S.; COUTO, Josué G. Delmond & Ródney F.. **Desempenho e Emissões de um Motor-Gerador Ciclo Diesel sob Diferentes Concentrações de Biodiesel de Soja**. Revista Brasileira de Engenharia Agrícola e Ambiental. v.17, n.5, p.565–571, 2013.

REQUISIÇÃO TÉCNICA (RT-2920KF-E-10004). **Kit de iluminação solar para passagem de nível – projeto capacitação logística norte (n1030-02)**. VALE S/A, 2013.

SILVA, André Nelson Matias e. **Energia Solar Térmica: Perspectivas do Presente e do Futuro**. Repositório Aberto da Universidade do Porto, 2012.

SIMAS, Moana; PACCA, Sérgio. **Energia Eólica, Geração de Empregos e Desenvolvimento Sustentável**. Instituto de Estudos Avançados da Universidade de São Paulo – Vol.27, 2013.

SOUZA, M. A. M. **Modelo Óptico das Reações Nucleares**. Latin-American Journal of Physics Education – Vol.4, 2010.

SUNLAB. "Markets for Concentrating Solar Power". **SunLab SnapShot**, 1998.

Universidade Técnica de Lisboa – Instituto Superior Técnico. **Breve História da Energia Solar**. Web Site, http://web.ist.utl.pt/palmira/solar.html. Acesso em: 24 Abr. 2014.

VALE S/A - INVESTIDORES – Capex. **Vale: Orçamento de investimentos e P&D de US$ 16,3 bilhões para 2013**. Web Site, http://www.vale.com/brasil/PT/investors/investments/capex/. Acesso em: 04 Jun. 2014.

VIANELLO, R. L.; ALVES, A.R. **Meteorologia Básica e Aplicações**. 3.ed. Viçosa: Editora UFV, 2004. 449p.

VLASOV, N. **The Energy Source of the sun**. Soviet atomic energy – Vol.49, 1980.

WENESER, Joseph; FRIEDLANDER, Gerhart. **Solar Neutrinos: Questions and Hypotheses. (Nuclear Reactions of Stellar Energygeneration Yield Fewer Neutrinos than Expected)**. Science, Feb 13 – Vol.235, 1987.

WU, T. H, Li; K, X. Jin; S, H. Yang; J, Wang; M, He; B, C. Luo; J, Y. Wang; C, L Chen; **Ultraviolet Photovoltaic Effect in Bifeo3/Nb-Srtio3 Heterostructure**. Journal of applied physics, 2012.

YOUNG, Steve M.; ZHENG, Fan; RAPPE, Andrew M. **Prediction of a Linear Spin Bulk Photovoltaic Effectin Antiferromagnets**. Physical Review Letters, 2013.

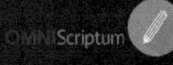

Printed by Books on Demand GmbH, Norderstedt / Germany